新农村建设丛书

蛋鸡生产技术

刘革新　金香淑　主编

吉林出版集团股份有限公司
吉林科学技术出版社

图书在版编目（CIP）数据

蛋鸡生产技术/刘革新主编.
—长春：吉林出版集团股份有限公司，2007.11
（新农村建设丛书）
ISBN 978-7-80720-870-9

Ⅰ.蛋… Ⅱ.刘… Ⅲ.卵用鸡－饲养管理 Ⅳ.S831.4

中国版本图书馆CIP数据核字（2007）第163927号

蛋鸡生产技术
DANJI SHENGCHAN JISHU

主编 刘革新 金香淑	
责任编辑 赵黎黎	
出版发行 吉林出版集团股份有限公司 吉林科学技术出版社	
印刷 三河市祥宏印务有限公司	
2007年12月第1版	2019年3月第16次印刷
开本 850×1168mm 1/32	印张 4 字数 96千
ISBN 978-7-80720-870-9	定价 16.00元
社址 长春市人民大街4646号	邮编 130021
电话 0431－85661172	传真 0431－85618721
电子邮箱 xnc408@163.com	
版权所有 翻印必究	
如有印装质量问题，可寄本社退换	

《新农村建设丛书》编委会

主　　任　韩长赋
副 主 任　荀凤栖　陈晓光
委　　员　王守臣　车秀兰　冯晓波　冯　巍
　　　　　　 申奉澈　任凤霞　孙文杰　朱克民
　　　　　　 朱　彤　朴昌旭　闫　平　闫玉清
　　　　　　 吴文昌　宋亚峰　张永田　张伟汉
　　　　　　 李元才　李守田　李耀民　杨福合
　　　　　　 周殿富　岳德荣　林　君　苑大光
　　　　　　 胡宪武　侯明山　闻国志　徐安凯
　　　　　　 栾立明　秦贵信　贾　涛　高香兰
　　　　　　 崔永刚　葛会清　谢文明　韩文瑜
　　　　　　 靳锋云

《蛋鸡生产技术》

主　编　刘革新　金香淑
副主编　刘　臣　金海国　赵岭乐
编　者　于　维　牛春华　刘　臣　刘革新
　　　　吕礼良　祁宏伟　闫晓松　时淑清
　　　　李金龙　李铁梅　金香淑　金海国
　　　　赵岭乐　郭凤志　郭维刚　高　磊
　　　　曹　阳

出版说明

《新农村建设丛书》是一套针对"农家书屋""阳光工程""春风工程"专门编写的丛书,是吉林出版集团组织多家科研院所及千余位农业专家和涉农学科学者倾力打造的精品工程。

丛书内容编写突出科学性、实用性和通俗性,开本、装帧、定价强调适合农村特点,做到让农民买得起,看得懂,用得上。希望本书能够成为一套社会主义新农村建设的指导用书,成为一套指导农民增产增收、脱贫致富、提高自身文化素质、更新观念的学习资料,成为农民的良师益友。

目 录

第一章　品种 …………………………………………… 1
　第一节　地方鸡种 ……………………………………… 1
　第二节　引进鸡种 ……………………………………… 3
第二章　笼养蛋鸡品种及鸡雏的雌雄鉴别 …………… 5
　第一节　适宜笼养蛋鸡的鸡种 ………………………… 5
　第二节　遗传与雏鸡的雌雄鉴别 ……………………… 10
第三章　蛋鸡的营养 …………………………………… 11
　第一节　饲料的各种营养成分及作用 ………………… 11
　第二节　蛋鸡的常用饲料 ……………………………… 27
　第三节　各种饲料原料的营养价值 …………………… 37
　第四节　我国蛋鸡饲养标准 …………………………… 38
第四章　育成鸡的饲养管理 …………………………… 41
　第一节　雏鸡的生理特点及进雏前的准备 …………… 41
　第二节　雏鸡的饲养管理 ……………………………… 47
　第三节　育成鸡的饲养管理 …………………………… 53
第五章　产蛋期母鸡的饲养管理 ……………………… 55
第六章　蛋用种鸡的饲养管理 ………………………… 64
　第一节　蛋用种鸡的饲养管理 ………………………… 64
　第二节　种公鸡的饲养管理 …………………………… 66
　第三节　种蛋的管理 …………………………………… 68
第七章　常见鸡病的防治 ……………………………… 74
　第一节　病毒性疾病 …………………………………… 74
　第二节　细菌性疾病 …………………………………… 92

参考文献 ………………………………………………… 119

第一章 品 种

地方品种鸡多为蛋肉兼用型，所提供的蛋味道鲜美，深受人们的喜爱，因此，其肉和蛋的价格远远高于品种鸡的肉和蛋的价格。发展我国特有的地方鸡品种具有良好的前景。本书只介绍地方品种和适于笼养的蛋鸡品种。

第一节 地方鸡种

长期以来，地方品种鸡是我国养鸡业的主要生产资料，对世界家禽品种的改良和发展有相当大的影响和贡献。在我国养禽业现代化进程中，从国外引入的大量鸡种，对我国蛋鸡的品种组成和质量产生了很大影响。现有生产性能较低的地方品种，已逐渐被高产商品蛋鸡所替代。但应该看到，多种多样的地方鸡种所具有的遗传基因，将是鸡育种的宝贵素材，也是当前世界各国家禽科学工作者十分关心和羡慕的巨大基因库。我国地方良种鸡较多：蛋用型品种有江西白耳黄鸡、上海的仙居鸡等，兼用型品种有辽宁的大骨鸡、山东的寿光鸡、中国黑凤鸡、江苏的狼山鸡等。

一、仙居鸡

属蛋用型，产于浙江省台州仙居县。体形小，结实紧凑而匀称，动作灵敏，易受惊吓，属神经质型。单冠，眼大而突出，骨细，颈细长，尾翘，其体形和体态与来航鸡相似。羽色有黄、白、黑、麻雀斑等多种。腿色有黄、青及肉色等。该品种鸡就巢性弱，耐粗放，觅食力强，性成熟早，年产蛋量在农村散养状态下为180～299枚。在蛋重方面，由于该鸡个体小（成年体重，公鸡1.5千克，母鸡1.0千克左右），蛋重也小。据江苏家禽研究所的资料，平均为42克，浙江省畜牧研究所测定为45.6克。蛋壳浅褐色，繁殖性能强，公母配偶比例1：（16～20）的情况下，受精率94.12%，入孵蛋孵化率72.7%。

仙居鸡是我国较有希望培育成为我国商品蛋鸡的地方品种，已由科研单位在生产区设专场进行选育。

二、寿光鸡

原产于山东寿光县，为历史悠久的肉蛋兼用型地方良种，以产大蛋而著名。寿光鸡个体高大，按体形可分为大、中两个类型。头大小适中，单冠，冠、肉垂、耳和脸红色，眼大而有神，虹彩黑褐色，喙、趾为黑色，皮肤白色，羽毛黑色。大型寿光鸡平均体重，公鸡为3.6千克、母鸡为3.3千克，年产蛋90～100枚。中型寿光鸡平均体重公鸡为2.9千克、母鸡为2.3千克，年产蛋120～150枚。开产日龄为8～10个月，大型鸡蛋重65～75克之间，蛋壳为褐色，厚而较密。

三、大骨鸡

又名庄河鸡，原产于辽宁省庄河县及东沟、凤城、金县，属肉蛋兼用型品种。本品种体大，蛋大，肉好和易育肥，耐粗饲、耐寒性强。体躯高大，胸深背阔。单冠，冠、肉垂、耳、脸均为红色，胫为黄色。公鸡羽色鲜艳，颈羽、鞍羽红色，胸羽黄色，尾羽黑色丰满有光泽。母鸡羽色多为麻黄色，尾羽、主副翼羽黑色。成鸡体重公鸡为3～3.5千克，最大达6.5千克，母鸡为2～2.5千克，开产日龄为180～210天，年产蛋150～180枚，蛋重60～64克，蛋壳深褐色。

四、狼山鸡

原产于江苏省如东县岔河、马塘，南通县的狼山等地。本品种具有适应性强，抗病力强，胸部肌肉发达和肉质好等特点。颈部挺立，尾羽高耸形成独特的马鞍形。头大小适中，单冠直立，中等大小。肉垂、冠、耳叶均为黄色。喙、胫黑色,皮肤白色,羽毛纯黑并发绿色光泽。成鸡体重为750～875克、母鸡2.0千克,开产日龄为210～240天,年产蛋150～170枚,蛋重57～60克,有就巢性,蛋壳淡棕色。

五、中国黑凤鸡

雅称"黑凤凰""中国黑宝"。中国特产药用乌鸡中的珍品,明代民间视为"补身珍品"。广东英德市狮子山特种动物场经多年培育,形成四大品系群。中国黑凤体态玲珑,风韵喜人,呈黑丝毛、乌肉、乌骨、乌皮、丛冠、凤头、绿耳、胡须、毛腿、五爪十全特征。黑丝毛是外表主要特征,黑舌是品质特征,是区分品种纯杂优劣的主要标准。成鸡体重为:公鸡为1.25～1.50千克、母鸡为1.0～1.20千克,开产日龄为165～180天,年产蛋140～160枚,蛋重40克,蛋壳棕褐色。本品种抗病力强,生长快,有就巢性。肉质好,细实甘香,药效较高。

第二节 引进鸡种

一、海兰褐

海兰褐蛋鸡是美国海兰国际公司培育而成的高产蛋鸡。该鸡产蛋多,适应性强,生产性能优异,饲料转化率高,商品代可通过羽色自别雌雄。

(一)父母代生产性能

0～18周龄成活率为95%,鸡群开产日龄为161天,入舍母鸡18～70周龄产蛋244枚,可提供母雏86只,18～70周龄成活率91%,入舍鸡平均每只每天耗料112克。母鸡18周龄和60周龄体重分别为1620克和2310克,公鸡18周龄和60周龄体重分别为2410克和3580克。

(二)商品代生产性能

0～18周龄成活率为96%～98%,饲料消耗5.9～6.8千克,

18周龄体重1550克。开产日龄152天，高峰期产蛋率92%～96%。至72周龄，每只母鸡饲养日产量312枚，每只入舍母鸡平均产蛋量298枚，平均蛋重63.1克，总蛋重19.3千克，产蛋期存活率95%～98%，料蛋比1：(2.2～2.4)，72周龄体重2.25千克。成年母鸡羽毛棕红色，易于饲养，性情温顺。

二、罗曼褐

德国罗曼公司育成四系配套蛋鸡，1989年上海华申曾祖代鸡场引进6个系曾祖代鸡，现在是国内褐壳蛋鸡的主要鸡种，1987年在合肥蜀山鸡场72周龄入舍鸡产蛋量282枚，总蛋重17.51千克。上海的成绩相应为292枚和18.34千克。罗曼祖代鸡A、B系是红羽，C、D系基本为白羽，商品代可根据金、银色羽色自别雌雄。商品代开产体重为1.50～1.60千克，开产日龄155天，72周龄入舍鸡产蛋量285～310枚，蛋重63.5～64.5克，总蛋重为18.2～20.5千克。近年来有些祖代鸡场直接从西德罗曼公司引入祖代鸡。

三、海赛克斯褐

由荷兰尤里布里德公司育成的四套配套蛋鸡。该鸡成活率高、适应性强、开产早、产蛋多、饲料报酬高。商品代可根据金、银色羽色自别雌雄。72周龄入舍鸡产蛋量290～310枚，平均蛋重63.2克，总蛋重18～19.5千克。现北京、天津等有多处引进祖代鸡。

四、伊莎褐鸡

由法国伊莎公司培育的四系配套的褐壳蛋系，父母代可羽速自别。商品代雏鸡可据羽色鉴别，成年母鸡羽毛深褐色并有少量白斑。1986年浙江省杭州市某种鸡场引进商品代72周入舍鸡，产蛋284.9枚，总蛋重17.5千克。

入舍鸡产蛋量285～310枚，平均蛋重62克，入舍母鸡平均产蛋总重18～19.25千克，产蛋期蛋料比1：(2.4～2.5)。

第二章 笼养蛋鸡品种及鸡雏的雌雄鉴别

第一节 适宜笼养蛋鸡的鸡种

一、白壳蛋鸡

所有白壳蛋鸡种都是以来航鸡为主培育而成。来航鸡作为世界著名的标准型蛋用鸡种,在现代蛋鸡育种中做出了很大贡献。现代白壳蛋鸡的共同特点是体形小、耗料少、开产早、产蛋数量多、饲料报酬高、发育很整齐、适于高密度笼养。但是蛋重略小于褐壳蛋鸡品种,神经质,啄癖也较多。

(一)海赛克斯白鸡

海赛克斯白鸡又译为希赛克斯白鸡,由荷兰汉德克家禽育种有限公司培育而成。该鸡体形小而紧凑,羽毛白色,生产性能良好,属轻型来航鸡。

1. 父母代生产性能 0~20周龄成活率为95%,20周龄平均体重1360克,每只鸡耗料为7.6千克,产蛋期月淘汰率0.5%~1%。每天耗料115~120克,68周龄产蛋量258枚,入孵蛋孵化率84%,每只入舍母鸡可提供雏鸡120~150只。

2. 商品代生产性能 0~17周龄死淘率4.5%,17周龄体重1120克,0~17周龄,每只鸡饲料消耗5.1千克,18~20周龄,每只鸡消耗饲料1.81千克,产蛋率达50%的日龄145天,21~78周龄,每只鸡日耗料量108克,每4周死淘率0.6%,78周龄体重1700克,每只日产蛋数351枚,平均蛋重62.5克,入舍鸡总产蛋量21.1千克,饲料转化率2.07∶1,每枚蛋耗料124克,累计死亡率8.2%。

（二）罗曼来航蛋鸡

罗曼来航蛋鸡亦称罗曼白壳蛋鸡，是由德国罗曼育种公司培育而成的。

1. 父母代生产性能　生长期成活率96%～98%，产蛋期存活率94%～96%，72周龄产蛋总数254～264枚，每只母鸡可提供母雏91～95只。

2. 商品代生产性能　0～20周龄，成活率为96%～98%，耗料量7～7.4千克/只，20周龄体重1300～1350克，鸡群开产日龄150～155天，高峰期产蛋率92%～95%，72周龄产蛋量290～300枚，蛋重62～63克，产蛋期存活率94%～96%，每产1千克蛋消耗饲料2.1～2.3千克。

（三）海兰w－36白壳蛋鸡

海兰w－36白壳蛋鸡是由美国海兰公司培育而成的。该鸡体形小，羽毛白色，性情温驯，耗料少，抵抗力强，适应性好，产蛋多，饲料转化率高，脱肛、啄癖发生率较低。

1. 父母代生产性能　入舍母鸡20～75周龄，产蛋274枚，27～75周龄产种蛋215枚，可产母雏90只，母鸡20周龄和60周龄体重分别为1.5千克和2.18千克。

2. 商品代生产性能　0～18周龄成活率为94%～97%，饲料消耗5.7千克，18周龄体重1280克，鸡群开产日龄159天，高峰期产蛋率92%～95%，19～72周龄产蛋278～294枚，存活率93%～96%。32周龄平均体重为1600克，蛋重56.7克，72周龄平均体重1.68千克，蛋重63克，产蛋期蛋料比1：（2.1～2.3）。商品代雏鸡以快慢羽鉴别雌雄。

二、褐壳蛋鸡

褐壳蛋鸡是以一些兼用型品种选育而成，大多数引进品种的父系主要为洛岛红和新汉县鸡，母鸡主要为洛岛白和白洛克等。由于应用现代育种方法和新技术，褐壳蛋鸡的产蛋性能有了很大的提高，与白壳蛋鸡的差距逐渐缩小。褐壳蛋鸡的优点是性情温驯，生长发育快，抗应激能力较强，蛋个大，对某些疾病的抵抗力高于白壳蛋鸡，配套系可利用羽毛颜色自别雌雄，缺点是体形较大，耗料多，蛋的血斑率、肉斑率较高。

（一）海赛克斯褐壳蛋鸡

海赛克斯褐壳蛋鸡是由荷兰尤里布里德家禽育种有限公司培育而成的四系配套高产蛋鸡。该鸡以适应性强、成活率高、开产早、产蛋多、饲料报酬高而著称。

1. 父母代生产性能　0～20周龄成活率为95%，20周龄母鸡体重1630克。0～20周龄耗料8.1千克，入舍母鸡68周龄产蛋数为254枚，入舍母鸡所得蛋数217枚，入孵蛋的平均孵化率为81%，平均受精率90%，入舍母鸡可得母雏89只，平均蛋重60.4克，累计死淘率为9.0%。68周龄，母鸡体重2050克、公鸡体重2660克，平均日耗料量120克。

2. 商品代生产性能　0～17周龄的成活率97%，17周龄体重1400克，17周龄时消耗饲料5.60千克，18～20周龄消耗饲料2.0千克。开产日龄为145天，每只鸡每天耗料113克，每4周死淘率0.5%，78周龄平均体重2060克，入舍鸡产蛋329枚，入舍鸡总产蛋量20.5千克，饲料转化率2.17∶1。累计死亡率6.6%。

（二）罗曼褐蛋鸡

罗曼褐蛋鸡是由德国罗曼动物育种公司培育而成的四系配套褐壳蛋鸡。该鸡适应性好，抗病力强，产蛋量多，饲料转化率高，蛋重适度，蛋的品质好。

1. 父母代种鸡生产性能　0～18周龄成活率96%～98%，20周龄体重1600～1700克，21～22周龄鸡群见蛋，开产周龄为23～24周，入舍母鸡72周龄产蛋265～275枚，其中种蛋数237～248枚，平均孵化率81%～83%，每只入舍母鸡可提供母雏95～100只，产蛋期存活率94%～96%，末期体重2.2～2.4千克。

2. 商品代生产性能　0～18周龄成活率为97%～98%，20周龄体重1460~1600克,鸡群开产日龄150~158天,入舍母鸡72周龄产蛋285~295枚,蛋重63.5~64.5克,总蛋重18.2~18.8千克,产蛋期存活率94%~96%,料蛋比(2.3~2.4):1,72周龄体重2.2~2.4千克。商品代雏鸡可通过羽色自别雌雄。

(三)海兰褐蛋鸡

海兰褐壳蛋鸡是由美国海兰国际公司培育而成的高产蛋鸡。该鸡适应性强,产蛋多,饲料转化率高,生产性能优异,商品代可通过羽色自别雌雄。

1. 父母代生产性能　0~18周龄成活率为95%,鸡群开产日龄为161天,入舍母鸡18~70周龄产蛋244枚(可孵化蛋211枚),可提供母雏86只,18~70周龄成活率91%,入舍鸡平均每只每天耗料112克。母鸡18周龄和60周龄体重分别为1620克和2310克,公鸡18周龄和60周龄体重分别为2410克和3580克。

2. 商品代生产性能　0~18周龄成活率为96%~98%,饲料消耗(限饲)5.9~6.8千克,18周龄体重1550克。开产日龄153天,高峰期产蛋率92%~96%。至72周龄,每只母鸡饲养日产蛋量312枚,每只入舍母鸡平均产蛋量298枚,平均蛋重63.1克,总蛋重19.3千克,产蛋期存活率95%~98%,料蛋比(2.2~2.4):1,72周龄体重2.25千克。成年母鸡羽毛棕红色,性情温驯,易于饲养。

三、浅粉壳蛋鸡

浅粉壳蛋鸡是近年来新推出的蛋鸡品种,它在集约化笼养中的使用时间晚于白壳蛋鸡和褐壳蛋鸡。这类鸡体形介于白壳蛋鸡和褐壳蛋鸡之间,蛋壳颜色浅。其父系和母系的一方是来航型白壳蛋鸡品种,另一方为洛岛红、新汉县、横斑洛克等兼用型褐壳蛋鸡品种。育种者试图通过综合白壳蛋鸡和褐壳蛋鸡优点,培育出体形偏轻、产蛋量高、蛋重大、耗料较少的高效品种。

(一)海赛克斯粉蛋鸡

0~17周龄成活率96%,17周龄体重1350克,0~17周龄消耗饲料5.6千克，18~20周龄消耗饲料1.95千克。开产日龄为142天，每只鸡日耗料量（21~78周龄）110克，每4周死淘率0.5%，78周龄体重1980克，入舍鸡产蛋数330枚，平均蛋重62.5克，入舍鸡总产蛋量20.6千克。饲料转化率2.08：1。产蛋期累计死亡率6.6%。海赛克斯粉蛋鸡分为两型：Ⅰ型父母代产白壳蛋，Ⅱ型父母代产褐壳蛋，其商品代雏鸡均能通过羽速自别雌雄。

（二）京白939蛋鸡

京白939蛋鸡是北京市种禽公司培育而成的浅粉壳蛋鸡高效配套系。鸡体形介于白来航鸡和褐壳蛋鸡两者之间，商品代鸡羽色红白相间，其特点产蛋量高、存活率高、淘汰鸡残值高。京白939现有2个配套系，其中一个配套系的商品代雏鸡能够自别雌雄。

京白939蛋鸡商品代0~20周龄成活率为95%~98%，20周龄体重1450~1460克，21~72周龄存活率92%~94%，72周饲养日产蛋数290~300枚，总蛋重18~18.9千克，蛋重61~63克，料蛋比（2.3~2.35）：1。

（三）雅康蛋鸡

雅康蛋鸡是以色列安纳克种鸡有限公司培育而成的高产浅粉壳蛋鸡。该鸡现已在许多省、市推广，其父系为来航鸡型白鸡，母系为洛岛红鸡，商品代雏鸡可通过羽色自别雌雄。

1. 父母代生产性能　0~20周龄成活率94%~96%。20周龄体重1500克，24周龄体重1650克，入舍母鸡26~74周龄产合格种蛋220枚，每只鸡可提供母雏86只，产蛋期存活率92%~94%。

2. 商品代生产性能　0~20周龄成活率96%~97%，18周龄体重1350克，20周龄体重1500克，开产日龄为160天，入舍母鸡至72周龄产蛋270~285枚，平均蛋重61~63克，平均每只鸡日耗料99~105克。

第二节 遗传与雏鸡的雌雄鉴别

应用伴性遗传规律,培育自别雌雄品系,通过不同品种或品系之间的杂交,就可以根据初生雏的某些伴性遗传性状准确地辨别雌雄。因为鸡有一些性状基因,存在于性染色体上,如果母鸡具有的性状对公鸡的性状呈显性,则它们的下一代母雏均呈公鸡的性状,而公雏都具有母鸡的性状。鸡的伴性遗传有以下几种:慢羽对快羽、银色羽对金色羽、芦花羽对非芦花羽等,最常见的是羽速自别雌雄和羽色自别雌雄。由于翻肛鉴别易使雏鸡卵黄破裂,并造成多种疾病的传播,因此自别雌雄配套系很受广大用户的欢迎,现在已经广泛地应用在生产实践中。

一、羽速自别雌雄

根据遗传学原理,决定初生雏鸡翼羽生长快慢的慢羽基因和快羽基因都位于性染色体上,而且慢羽基因对快羽基因为显性基因,具有伴性遗传原理,利用此遗传原理可对初生雏进行雌雄鉴别。

父母代的父系公雏、母雏都是快羽,母系公雏、母雏都是慢羽,只有通过翻肛才能鉴别雌雄。商品代使用羽速鉴别,区别快慢羽主要由初生雏翅膀上的主翼羽与覆主翼羽的长短来决定。快羽母雏为主翼羽长于覆主翼羽。慢羽雏有4种类型:主翼羽短于覆主翼羽;主翼羽与覆主翼羽等长;主翼羽未长出,仅有覆主翼羽;主翼羽与覆主翼羽等长,但主翼羽的羽干毛梢略长于覆主翼羽。

二、褐壳蛋鸡的羽速和金银羽色双自别雌雄

在褐壳蛋鸡配套系中,对羽色和羽速基因自别雌雄比较重视,因而纯系在配套组合中的位置是固定的。所以纯系选育时,必须按各自配套系中的位置确定合理的选育方向,进行选择。由于银色和金色基因都仅位于性染色体上,且银色对金色为显性,所以金色羽公鸡与银色羽母鸡交配时,其子一代母雏为金色,公雏为银色。

第三章 蛋鸡的营养

第一节 饲料的各种营养成分及作用

营养是动物维持生长、繁殖和生产的物质基础。在现代化的养鸡生产技术中,鸡的所有营养物质都是从配合日粮中获得,只有充分了解鸡的营养需要和各种饲料原料营养成分含量,才能配制出质优价廉的全价饲料,使鸡最大限度发挥出潜在的生产性能。饲料中含有水、碳水化合物、粗脂肪、粗蛋白质、维生素和矿物质六大类营养物质,在机体内相互作用,缺一不可。

一、水

所有各种饲料中均含有水分,但因饲料的种类不同,含水量差异很大,一般植物性饲料含水量在 $5\%\sim95\%$。在同一种植物性饲料中,由于收获期不同,水分含量也不同,随成熟期而逐渐减少。

饲料中含水量的多少与营养价值、贮藏密切相关。含水量高的饲料,单位重量含干物质较少,营养物质含量也相对较少,其营养价值也低,而且容易腐败变质,不利于贮藏与运输。适于贮藏的饲料,要求含水量在 14% 以下。

鸡体含水量 $50\%\sim60\%$,主要分布于体液(如血液、淋巴液)、肌肉等组织中。水是鸡生长、生产所必需的营养物质,对鸡体内新陈代谢有着特殊的作用。它是各种营养物质的溶剂,鸡体内各种营养物质的消化、吸收,代谢产物的排出,血液循环,体温调节都离不开水。严重缺水时,饲料转化率和鸡产蛋率会大幅度下降,甚至会引起死亡。产蛋母鸡停水 24 小时,可使产蛋率下降 30% 左右，需要 25～30 天才能恢复正常；如果雏鸡停水 10～12 小时，会使其采食量减少，增重也会受到影响。对鸡来说，缺水的危害远远大于食物的缺乏。

鸡的饮水量因季节、年龄、产蛋水平而异，一般每只鸡每天饮水 150～250 毫升，当气温高、产蛋率高时饮水量增加。成鸡的饮水量约为采食量的 1.5 倍，雏鸡的比例更大些。在环境因素中，温度对饮水量影响最大，当气温高于 20℃时，饮水量开始增加，35℃时饮水量约为 20℃时 1.5 倍，0℃～20℃饮水量变化不大。

在夏季高温时，笼养鸡往往由于超量饮水使粪便过稀，此时可以在水中加入适当的碳酸氢钠，补充体内钠离子，缓解热应激，不能限制饮水，否则会增加热应激引起的损害。

二、粗蛋白质

粗蛋白质是饲料中含氮物质的总称，包括蛋白质和氨化物。氨化物主要包括未结合成蛋白质分子的游离氨基酸、植物体内合成蛋白质中间产物和蛋白质分解的产物。

各种饲料的粗蛋白质的含量和质量差别很大。就其含量而言，动物性饲料中最高（40%～80%），油饼类次之（30%～40%），禾本科植物子实类较低（7%～13%）。就其质量而言，动物性饲料、豆科及油饼类饲料的蛋白质质量较好。蛋白质优劣主要看各种氨基酸的含量和比例，在纯蛋白质中有 20 多种氨基酸。这些氨基酸可分为两大类：一类是必需氨基酸，是指在鸡体内不能合成或合成的速度不能满足鸡生长、生产的需要，必须由饲料供给的氨基酸。鸡的必需氨基酸有蛋氨酸、赖氨酸、胱氨酸、色氨酸、精氨酸、亮氨酸、异亮氨酸、苯丙氨酸、酪氨酸、苏氨酸、缬氨酸、组氨酸和甘氨酸共 13 种。另一类是非必需氨基酸，是指在鸡体内需要量少且能够合成的氨基酸，如丝氨酸、丙氨酸、天冬氨酸、脯氨酸等。

在鸡的生命活动中，蛋白质有重要的营养作用，是形成鸡肉、鸡蛋、内脏、羽毛、血液的主要成分，是维持鸡的生命、保证生产、生长的重要的营养物质。缺乏蛋白质，雏鸡生长缓慢，蛋鸡产蛋率下降、蛋重减轻，严重时体重下降，甚至死亡。相反，日粮中蛋白质过多，造成饲料的浪费增加饲料的成本，而且会引起代谢障碍，体内有大量尿酸盐沉积，会导致痛风病的发生。

鸡对蛋白质需要量主要取决于产蛋水平、气温和体重3个因素。一般来说，鸡产蛋率愈高，体重愈大，蛋白质需要量愈多；同一产蛋水平的母鸡群，夏季对蛋白质的需要量高于冬季。此外，年龄、饲料的组成影响蛋白质的利用率，尤其是日粮中氨基酸比例不平衡，会降低蛋白质的利用率。实践证明，日粮中含粗蛋白质14%～17%，可满足大多数品系蛋鸡的需要。

三、碳水化合物

碳水化合物都是由碳、氢、氧3种元素组成的，其中氢原子和氧原子的比例是2∶1，与水的组成相同，称为碳水化合物。

碳水化合物是植物性饲料的主要成分，因为它价格便宜，是鸡体内最经济的能量来源，是鸡饲料中最多的营养物质，在蛋鸡的饲料中占50%～80%。碳水化合物主要包括淀粉、纤维素、半纤维素、木质素及一些可溶性糖。

碳水化合物在鸡体内分解后（主要是淀粉和糖）产生热量，用以维持体温，供给体内各器官活动时所需的能量。饲料中碳水化合物不足时，会影响鸡的生长和产蛋，但过多时，剩余的部分会转变为脂肪沉积于体内，导致机体过肥。粗纤维可以促进胃肠蠕动，帮助消化，饲料中缺乏粗纤维可引起鸡便秘，并降低其他营养物质的利用率。由于饲料在鸡的消化道内停留时间短，且鸡肠道内微生物少，粗纤维几乎不被消化，如果过多，也会影响其他营养物质的吸收利用。

四、粗脂肪

饲料中所有能够被乙醚浸出的物质统称为粗脂肪，包括真脂肪和类脂肪。真脂肪在体内脂肪酶的作用下，可分解为甘油和脂肪酸；类脂肪除了分解为甘油和脂肪酸以外，还有含有氮、磷等元素的化合物。各种饲料中都含有脂肪,豆科饲料含脂肪量最高,禾本科饲料含脂肪量低。

脂肪和碳水化合物一样,在鸡体内分解后产生热量,它含水量少,是供给机体能量和体内贮藏能量的最好形式,其热能值是碳水化合物或蛋白质的 2.25 倍;脂肪即是鸡体细胞的重要组成部分,如神经、血液、肌肉、皮肤、骨骼等,都含有脂肪,是鸡蛋的组成部分,大约占鸡蛋重量的 10%;脂肪是脂溶性维生素和激素的溶剂,这些维生素和激素只有溶解在脂肪中,才能够被机体利用和吸收。脂肪不足时,会妨碍脂溶性维生素和激素的输送和吸收,造成脂溶性维生素的缺乏,引起生长迟缓、性成熟延迟、产蛋下降等。相反,脂肪过多会引起食欲不振,消化不良,下痢,脂肪肝等。在饲料中加入 1%～3% 的脂肪,能够充分满足鸡的能量需要,提高产蛋量和饲料利用率。

五、维生素

维生素是一种特殊的不可缺少的有机营养物质。鸡对维生素的需要量虽然很少,但它是鸡体内辅酶或辅基的组成成分,对保持鸡体健康,促进生长发育,提高产蛋率和饲料利用率的作用很大。维生素的种类很多,它们的性能和作用也各不相同,但归纳起来分为两大类:脂溶性维生素,包括维生素 A、维生素 D、维生素 E、维生素 K 等。水溶性维生素,包括 B 族维生素和维生素 C 等。B 族维生素包括维生素 B_1(硫胺素)、维生素 B_2(核黄素)、维生素 B_6(吡哆醇,吡哆醛,吡哆胺)、维生素 B_{12}(氰钴胺素)、烟酸(维生素 B_5)、泛酸(维生素 B_3)、生物素(维生素 H)、叶酸(维生素 M)、胆碱等等。鸡的饲料中需要 10 多种维生素,可添加现有的十几种人工合成的多种维生素用于饲料生产。若条件许可,还可以饲喂青饲料,不仅补充了维生素,而且可以促进鸡的消化。

(一)脂溶性维生素

1. 维生素 A 在鸡体内可以维持呼吸道、消化道、生殖道上皮细胞或黏膜的结构完整与健全，促进雏鸡的生长发育及其对环境的适应能力和疾病的抵抗力，提高鸡的产蛋量和种蛋的孵化率。当维生素 A 缺乏时，易引起鸡上皮组织干燥和角质化，使分泌功能减弱，眼角膜上皮变性，发生干眼病，严重时造成失明，雏鸡生长缓慢，羽毛蓬乱无光泽，消化不良，成鸡产蛋量降低，种蛋受精率低，孵化率也下降。

维生素 A 只存在于动物性饲料中，以鱼肝油的维生素 A 最为丰富。植物性饲料中不含有维生素 A，但含有胡萝卜素，黄玉米中含有玉米黄素，它们在动物体内都可转化为维生素 A。胡萝卜素在青绿饲料中含量比较多，而在谷物、油饼、糠麸中含量很少。一般每千克混合饲料中胡萝卜素及玉米黄素，不能满足鸡的需要，所以对于不喂青绿饲料的笼养鸡来说，维生素 A 主要依靠多种维生素添加剂来提供。

维生素 A、胡萝卜素和玉米黄素均是不稳定物质，在饲料的加工、调制和贮藏等过程中易被破坏，而且环境温度愈高，破坏程度愈大。因此，要改善饲料的加工方法，加强对饲料的保管，防止饲料中维生素 A、胡萝卜素和玉米黄素的流失。

鸡对维生素 A 的需要量，与日龄、生产能力及健康状况有很大关系。正常情况下，每千克饲料的最低添加量为：雏鸡和青年鸡 1500 IU，产蛋鸡 4000 IU。由于疾病等因素的影响，产蛋鸡饲料维生素 A 的实际添加量达到每千克 8500～10 000 IU。

2. 维生素 D　它参与骨骼、蛋壳形成等钙、磷代谢过程，能够促进肠道对钙、磷吸收，调节机体的钙、磷代谢平衡。缺乏时，雏鸡生长发育不良，羽毛松散，喙和爪变软、弯曲，胸骨弯曲，腿骨变形；产蛋鸡产软壳蛋或薄壳蛋，产蛋率和孵化率降低。

维生素 D 主要有维生素 D_2 和维生素 D_3 2 种，维生素 D_3 是由动物皮肤内的 7—脱氢胆固醇经阳光紫外线照射而生成的，主要贮藏于肝脏、脂肪和蛋白中。维生素 D_2 是由植物中的麦角固醇经阳光紫外线照射而生成的，主要存在于青绿饲料和晒制的青干草中。对鸡来说，维生素 D_3 的作用要比维生素 D_2 的作用强 30～40 倍。鱼粉、肉粉、血粉等常用动物性饲料含维生素 D_3 较少，谷物、饼粕及糠麸中维生素 D_2 的含量也微不足道，鸡从这些饲料中得到的维生素 D 远远不能满足需要。在正常情况下，0～20 周龄的生长鸡要求每千克饲料添加维生素 D_2 200 IU；20 周龄以后进入产蛋期，要增至 500 IU。当饲料中钙、磷不足或比例不当时，添加量要适当增加。

如果鸡摄入的维生素 D 太多，超过需要量的几十倍乃至上百倍，就会造成钙在肾脏中沉积，损害肾脏，不过这种情况一般很少发生。

3. 维生素 E　是具有活性的酚类化合物，以 α—生育酚的活性最高，为油状液体，极易氧化。它是一种生物催化利于调节三大有机物的代谢，促进性腺的发育成熟和生殖功能，有利于雏鸡的生长发育和提高种鸡的繁殖力；它是一种强大的抗氧化剂，防止消化道和体组织中的维生素 A、维生素 D 及一些不饱和脂肪酸被氧化破坏，对富含脂质的细胞膜起到保护作用。另外，它还参与调节鸡体内分泌功能，是产生免疫力不可缺少的因素。维生素 E 充足，可以减轻缺硒的不良影响。

饲料中缺乏维生素 E 时，鸡群产蛋率下降，种蛋受精率和孵化率降低，严重时易出现白肌病、渗出性素质、脑软化症等病。

维生素 E 在植物油、谷物胚芽及青绿饲料中含量丰富。相对来说，米糠、大麦、小麦、棉子粕中含量稍多，豆粕、鱼粉次之，玉米、高粱及小麦麸较贫乏。正常情况下，0～14 周龄的幼鸡和产蛋种鸡要求每千克饲料添加维生素 E 10 IU，15～20 周龄的青年鸡和蛋鸡要求添加 5 IU。

4. 维生素 K　主要作用为催化肝脏中的凝血酶原。参与凝血素的合成，凝血素促使凝血酶原转变为凝血酶，维持血液的正常凝血功能。雏鸡维生素 K 不足造成皮下出血而呈现紫斑，种鸡饲料中维生素 K 不足时，孵化率降低。

鸡所需要的维生素 K 有 3 个来源：肠道微生物能少量合成；鸡粪与垫料中的微生物能合成一些维生素 K，当鸡啄食垫料鸡粪时可以获取；从饲料中获取，这是主要来源。青绿饲料中含有丰富的维生素 K，鱼粉等动物性饲料中也有一定的含量，其他饲料中比较贫乏。鸡处于逆境如患球虫病，会降低维生素 K 的摄取量，肝脏疾病会影响维生素 K 的吸收，服用抗生素、磺胺类药物等抑菌药物，会影响维生素 K 在肠道内合成，这些均可导致维生素 K 的缺乏。应增加维生素 K 添加量。

（二）水溶性维生素

1. 维生素 B_1　也叫硫胺素，参与体内碳水化合物的代谢，在保护神经组织及心肌的正常功能方面有重要作用；维持胃肠的正常蠕动，有利于内容物的消化。雏鸡对维生素 B_1 的缺乏比较敏感，当缺乏维生素 B_1 的饲料饲喂时，10 天后就可出现多发生神经炎——头向后仰、羽毛蓬乱、运动器官和肌胃平滑肌衰弱或变性、两腿无力等。成鸡缺乏时，出现食欲减退、消化不良、冠髯发紫、生殖器官萎缩等症状。

维生素 B_1 在自然界分布广泛，多数饲料中都有，在糠麸、酵母中含量丰富，在豆类饲料、青绿饲料中的含量也比较多，但在根茎类饲料中含量较少。

在一般情况下，鸡每千克饲料中应含维生素 B_1：0～14 周龄雏鸡 1.8 毫克，15～20 周龄的青年鸡 1.3 毫克，产蛋鸡、种母鸡 2.8 毫克。

2. 维生素 B_2　又叫核黄素，是鸡体内许多重要辅酶的组成成分，参与碳水化合物、脂肪和蛋白质的代谢，是鸡体易缺乏的一种维生素。维生素 B_2 缺乏，雏鸡生长缓慢，下痢，足趾弯曲，用踝部行走；成鸡产蛋量下降，种蛋孵化率降低。维生素 B_2 是鸡必须从外界获取的维生素之一。

在一般情况下，用常规饲料原料配合的全价饲料，往往维生

素 B_2 含量不足，需注意添加维生素 B_2 制剂。在生产中，饲喂高脂肪低蛋白的饲料时，鸡对维生素的需要量增加，雏鸡及种鸡对维生素 B_2 的需要量比一般鸡高 1 倍。

在一般情况下，鸡每千克饲料应含维生素 B_{12}：0～14 周龄雏鸡 3.6 毫克，商品蛋鸡 2.2 毫克，种母鸡 3.8 毫克。

3. 维生素 B_3　也叫泛酸。它是辅酶 A 的组成成分，参与体内碳水化合物、脂肪及蛋白质的代谢，能起到维持皮肤和黏膜正常功能的作用。对增强羽毛色泽和提高对疾病的抵抗力有重要作用雏鸡缺乏泛酸时，生长受阻，羽毛粗糙，眼内有黏性分泌物流出，眼睑上的粒状物把上下眼睑粘在一起，喙角和肛门有硬痂，脚爪有炎症；成鸡缺乏泛酸时，虽然没有明显的症状，产蛋率下降幅度不大，但孵化率降低，育雏成活率低。

在一般情况下，每千克饲料中应含有泛酸：0～20 周龄的生长鸡和种母鸡 10 毫克，商品蛋鸡 2.2 毫克。

4. 维生素 B_4　也叫胆碱。它是卵磷脂和乙酰胆碱的组成成分。卵磷脂参与脂肪代谢，对脂肪的吸收、转化有一定的作用，可防止脂肪在肝脏中沉积。乙酰胆碱可维持神经的传导功能。胆碱还是促进雏鸡生长的维生素。饲料中胆碱充足可以降低蛋氨酸的需要量，因为胆碱结构中的甲基可供机体合成蛋氨酸，而蛋氨酸中的甲基也可供机体合成胆碱。甲基的转移过程需要维生素 B_{12} 和叶酸参与，所以鸡对胆碱的需要量与饲料中蛋氨酸、维生素 B_{12} 和叶酸的含量有关。胆碱缺乏时，雏鸡生长缓慢，发育不良；成鸡尤其是笼养鸡，易患脂肪肝。

在一般情况下，每千克饲料应含胆碱：0～14 周龄的雏鸡 1300 毫克，15～20 周龄的青年鸡、商品产蛋鸡和种母鸡 500 毫克。

5. 维生素 B_5　也叫烟酸或维生素 PP。在鸡体内转化为烟酰胺，是辅酶Ⅰ和辅酶Ⅱ的组成成分。这两种酶参与碳水化合物、脂肪和蛋白质的代谢，对维持皮肤和消化器官的正常功能起重要的作用。雏鸡对烟酸需要量高，缺乏时食欲减退，生长缓慢，羽毛发育不良，踝关节肿大，腿骨弯曲；成鸡缺乏时种蛋孵化率降低。

在一般情况下，每千克饲料中烟酸的含量为：0～14周龄的雏鸡27毫克，15～20周龄的青年鸡11毫克，商品产蛋鸡、种母鸡10毫克。

6. 维生素 B_6 也叫吡哆素（吡哆醇）。它是转氨酶的重要组成成分，参与蛋白质的代谢。鸡缺乏吡哆醇时发生神经障碍，从兴奋而至痉挛，雏鸡生长缓慢，成年鸡体重减轻，产蛋率和孵化率低。

吡哆醇主要存在于酵母、糠麸和植物性蛋白质饲料中，动物性饲料和根茎类饲料相对贫乏，子实类饲料中每千克约含3毫克。一般情况下，每千克饲料应含吡哆醇：雏鸡、青年鸡、商品蛋鸡3毫克，种母鸡4.5毫克。

7. 维生素 B_7 也叫维生素H或生物素。它是脂肪代谢和羧化过程的辅酶的组成成分，参与氨基酸的脱氨基化作用。生物素缺乏时，会破坏鸡体内分泌功能，雏鸡常发生眼睑、嘴、头部及脚部表皮胶质化；成鸡产蛋率受影响，种蛋孵化率降低。

一般情况下，每千克饲料应含生物素：0～14周龄的雏鸡0.15毫克，15～20周龄的青年鸡、商品产蛋鸡0.1毫克，种母鸡0.15毫克。

8. 维生素 B_{11} 也叫叶酸，在鸡体内还原为四氢叶酸，参与蛋白质与核酸等代谢过程，与维生素C和维生素 B_{12} 共同促进红细胞和血红蛋白的生成，并有利于抗体的生成，对防止恶性贫血和肌肉、羽毛的生成有重要作用。缺乏时鸡生长发育不良，羽毛不正常，贫血，种蛋孵化率低。

一般情况下，每千克饲料中应含叶酸：0～14周龄的雏鸡0.55毫克，15～20周龄的青年鸡、商品蛋鸡0.25毫克，种鸡0.35毫克。

9. 维生素 B_{12}　是加速血细胞成熟、维持营养物质代谢过程，特别是蛋白质代谢不可缺少的因子，曾被称为"动物蛋白因子"。它和叶酸一样，参与核酸的合成，但不能相互代替，并能保持中枢和外周神经的有髓鞘神经纤维功能的完整性。它还能提高植物性蛋白质的利用，促进雏鸡的生长发育。缺乏时，雏鸡生长发育停滞，羽毛蓬乱；成鸡产蛋率下降，种蛋孵化率降低。

在一般情况下，每千克饲料应含维生素 B_{12}：0～14 周龄的雏鸡 0.009 毫克，15～20 周龄的青年鸡、商品蛋鸡、种母鸡 0.003 毫克。

10. 维生素 C　又叫抗坏血酸。它参与鸡体内氧化还原反应，保护酶系统中活性疏基，起到体内解毒作用；参与细胞间质的合成，降低毛细血管通透性，促进伤口愈合；促进叶酸形成四氢叶酸，保护亚铁离子，起到防止贫血的作用；增强机体免疫力，缓解应激反应。缺乏时，鸡易患败血症，生长停滞，体重减轻，关节变粗身体各部位出血、贫血。

由于大部分饲料中均含有维生素 C，青绿饲料中含量丰富，且鸡体内又能合成，在一般情况下，鸡很少出现维生素 C 缺乏症。在高温和疾病等应激条件下，适量补充维生素 C 对消除应激、提高产蛋率和蛋壳厚度均有良好作用，可酌情在每千克饲料中添加 50～200 毫克维生素 C。

六、矿物质

矿物质元素在鸡体内约占 4%，有些是构成骨骼、蛋壳的重要组成成分，有些分布于羽毛、肌肉、血液和其他软组织中，还有些是维生素、激素、酶的组成成分。矿物质元素虽不能供给机体能量，但它参与机体内新陈代谢，调节渗透压，维持酸碱平衡，是维持机体正常功能和生产所必需的。据研究，鸡需要的矿物质元素有 14 种，根据在鸡体内含量的多少，可分为常量元素和微量元素两大类。占体重 0.01% 以上的元素称为常量元素，包括钙、磷、钠、钾、氯、镁、硫；占体重 0.01% 以下的元素称为微量元素，包括铜、铁、钴、碘、锰、锌、硒。在配合饲料时，舍内笼养鸡要考虑添加这些矿物质元素。

(一) 常量元素

1. 钙、磷　是鸡需要量最多的两种矿物质元素，两者约占体内矿物质元素总量的70%。

钙不仅是骨骼、蛋壳的主要成分，而且在维持神经、肌肉的正常生理功能、调节酸碱平衡和促进血液凝固等方面起着重要作用。缺钙时，鸡出现软骨病和佝偻病，产蛋率下降，生长停滞，产薄壳蛋或软壳蛋。不同种类的鸡对钙的需要量不同，一般生长鸡饲料中的需要量为0.8%～1%，成年鸡开产后对钙的需要量随产蛋率增加而增加，一般产蛋鸡饲料中钙的含量为3.0%～4.0%。

钙与饲料中能量浓度有一定关系，一般饲料中能量高时，含钙量也要适当增加，但也不是含钙量越多越好。钙如超过需要量，则影响鸡对镁、锰、锌等元素的吸收，对鸡的生长发育和生产不利。

钙在贝壳粉、石粉、骨粉、磷酸氢钙等矿物质饲料中含量丰富，而在一般谷物、糠麸中含量很少。因此，在配合饲料时，要注意添加含钙量多的矿物质饲料。

磷作为骨骼的组成元素，其含量仅次于钙，是构成蛋壳和蛋黄的原料。磷在碳水化合物与脂肪的代谢、钙的吸收利用以及酸碱平衡的维持中，也有重要作用。缺磷时，鸡食欲减退，出现异嗜癖，生长缓慢，严重时关节硬化，骨脆易折。蛋鸡产蛋率明显下降，甚至停产。

一般情况下，饲料中的有效磷的含量应为：雏鸡0.55%，青年鸡0.5%，产蛋鸡0.4%。

钙和磷两种元素有着密切的关系，饲料中一种元素的含量不足或过量都会影响另一种元素的吸收和利用。一般情况下，钙、磷的正常比例应为2:1。

另外,在配合饲料中,还要注意维生素D对钙、磷吸收和利用的影响。如果饲料中维生素D含量充足,可以缓解钙、磷比例不当带来的危害;反之,若饲料中维生素D缺乏,即使饲料中钙、磷充足且比例适当,其吸收和利用还是要受到一定限制,鸡也会出现一系列缺钙、缺磷的症状。

2. 钠、氯 是鸡的血液、体液的重要成分。它们在维持体内渗透压、调节酸碱平衡及保持机体组织水分方面起重要的作用,同时与心脏肌肉活动调节、蛋白质代谢也有密切的关系。饲料中缺乏这两种元素时,食欲减退,生长迟缓,出现啄癖和异嗜癖,产蛋率下降。

一般情况下,鸡饲料中氯的含量为 0.1%～0.15%,钠的含量为 0.1%～0.2%。饲料中钠和氯的含量很少,生产上常在饲料中添加食盐来补充,一般雏鸡的用量为 0.2%～0.3%,成年鸡 0.3%～0.5%。

3. 钾 鸡体内各组织细胞中均含有钾,它在维持细胞内液渗透压的稳定和调节酸碱平衡方面起重要作用。此外,钾还参与蛋白质和糖的代谢,并具有促进神经和肌肉兴奋性的作用。缺钾时,鸡食欲减退,精神萎靡,甚至出现弛缓性瘫痪。

一般情况下,饲料中钾的含量为 0.2%～0.4%。植物性饲料中含有丰富的钾,一般饲料中的含钾量可以满足鸡的需要,但饲料中有些颉颃物如镁、磷等可以影响钾的利用吸收,颉颃物含量过多,会导致钾缺乏。

4. 镁 在鸡体内含量较少,主要存在于骨骼中,余者分布于软组织和细胞外液中。它既具有抑制神经和肌肉兴奋性的作用,又是一些酶类的活化剂,与碳水化合物、蛋白质、脂肪和钙、磷代谢有着密切关系。缺乏时,鸡生长发育不良。但镁过多扰乱钙、磷平衡,会导致下痢。

一般情况下,鸡每千克饲料应含镁 200～600 毫克。植物性饲料中镁的含量丰富,尤其是麦麸、棉子中含量更多,一般饲料中的含镁量可以满足鸡的需要。

5. 硫　鸡体内含硫量约为 0.15%，大部分硫与含硫氨基酸——胱氨酸、蛋氨酸一起存在。同时，它也是硫胺素、生物素的组成成分。它以含硫氨基酸的形式参与羽毛、喙、爪等角质蛋白的合成，以硫胺素的形式参与碳水化合物的合成与代谢，它还作为黏多糖的成分参与胶原蛋白和结缔组织的代谢。

饲料中一般都含有丰富的硫，不需要另外补饲。但在鸡的换羽期间，补硫有利于换羽。

(二) 微量元素

1. 铁　是构成血红蛋白、肌红蛋白、细胞色素和多种氧化酶的重要成分，与鸡体造血功能、羽毛色素的形成及生长发育有着密切关系。此外，在肝、脾、肾中也含有少量的铁，鸡体内含铁量约 0.04%。如果鸡体内铁量不足，就会发生营养性贫血，引起消化不良，生长缓慢，产蛋率下降。

一般情况下，每千克饲料应含铁：0～14 周龄的雏鸡 80 毫克，5～20 周龄青年鸡 40 毫克，商品蛋鸡 50 毫克，种母鸡 80 毫克。

铁在血粉、鱼粉、骨粉中含量丰富，植物性饲料铁的含量与土壤有关，差别较大。一般来说，配合饲料的含铁量可以满足鸡的需要，但不是很可靠，应按鸡的实际需要量的 1/3～1/2 添加硫酸亚铁，即每千克饲料添加纯铁 27～40 毫克。若饲料中缺铜或维生素 B_6，可影响铁的吸收利用，易发生铁缺乏症。

2. 铜　在鸡体内的作用是很广泛的。虽然铜本身不是血红素的成分，但它能促进铁进入血液以合成血红素。铜是红细胞的组成成分，能促进红细胞的成熟。缺铜影响了铁的吸收，而红细胞的生成及成熟受到限制，结果导致贫血。铜是某些酶类的组成成分和活化剂，对维持血管弹性起着重要作用，铜缺乏时易导致动脉血管破裂。铜还与神经功能、骨骼发育和羽毛色素有着密切关系，缺铜时可导致心力衰竭、佝偻病、有色羽毛褪色等。

鸡对铜的需要量很少，每千克饲料应含铜 4 毫克左右。铜在饲料中分布比较广泛，尤其是豆科牧草、大豆饼、禾本科子实含量丰富。因此，一般饲料中铜的含量能满足鸡的需要，不会发生铜缺乏问题。只是为保险起见，微量元素添加剂中应含有硫酸铜。另外，当饲料中锌、钼和无机硫酸盐过多时，会影响铜的吸收，导致出现缺铜症。

3. 钴　是维生素 B_{12} 的组成成分，在蛋白质代谢中起重要作用，是鸡生长发育和维持健康不可缺少的。饲料中缺钴会影响鸡消化道内微生物对维生素 B_{12} 的合成，引起贫血症。大多数饲料中均含微量的钴，一般可以满足鸡的需要。当饲料中含有足够的维生素 B_{12} 时可不需要在饲料中再添加钴。若饲料中维生素 B_{12} 含量不足，添加钴是有益的。

4. 碘　是构成甲状腺的重要成分，参与体内各种营养物质的代谢过程，对能量代谢、生长发育和繁殖等多种生理功能具有促进作用。缺碘时鸡易患甲状腺肿大病，雏鸡和青年鸡生长缓慢，羽毛不丰满，成年鸡产蛋量下降，种蛋孵化率低。

正常情况下，每千克饲料中添加碘化钾 0.46 毫克。在饲料中添加较多的碘化钾或喂给大量的海藻，能使母鸡产出含碘量很高的鸡蛋，即所谓的"碘蛋"，在内陆缺碘地区是一种有益的保健食品，但每千克饲料中含碘量超过 300 毫克，会使鸡群产蛋减少甚至停产，种蛋的孵化率也显著降低。

5. 锰　在鸡体内主要存在于血液和肝脏中，其他器官及皮肤、肌肉、骨骼中含量极少。锰是精氨酸酶的成分，又是肠肽酶、羧化酶、ATP 酶等的激活剂，参与碳水化合物、蛋白质和脂肪的代谢。此外，锰也是鸡体骨骼发育所必需的。锰缺乏时，雏鸡患"滑腱症"，即腿骨稍粗短，胫骨与跖骨接头处肿胀，使腓肠肌肌腱从踝状突滑出，病雏不能站立；成年鸡产蛋量降低，蛋壳变薄，种蛋孵化率显著下降。

正常情况下，每千克饲料应含锰 55 毫克。鸡的常用饲料如谷物、饼粕、糠麸、鱼粉等，由于产地不同，含锰量差别很大。总的来说，配合饲料中锰的含量不能满足鸡的需要，通常在每千克饲料中含240毫克硫酸锰即可满足鸡的需要，饲料中所有的锰作为安全用量。

鸡对过量的锰有较强的耐受性，据试验，成年鸡饲料中含0.1%的纯锰，比需要量高出近20倍，短时期无明显中毒现象。因此，鸡很少发生锰中毒，不过饲料中含锰过多对维生素A有一定的破坏作用。

6. 锌　是机体内多种酶类、激素和胰岛素的组成成分，参与碳水化合物、蛋白质和脂肪的代谢，与羽毛的生长、皮肤健康紧密相关。锌缺乏时，生长鸡生长发育缓慢，羽毛生长不良，诱发皮炎；成年鸡产蛋量降低，蛋壳变薄，种蛋孵化率降低，胚胎出现畸形。

正常情况下，鸡每千克饲料应含锌35～65毫克。在鱼粉、肉骨粉和糠麸中锌较多，但植物性饲料含锌量与土壤有关，差别较大。虽然一般配合饲料的含锌量能满足鸡的需要，但不是很可靠，需要添加适量的锌制剂。如果饲料本身含锌不足，微量元素添加剂质量又差，或饲料中含钙过多（超过正常指标），或喂给生黄豆粉，影响锌的吸收利用，则易造成锌缺乏症。

饲料中含锌过多会影响铁和铜的吸收利用，如每千克饲料含锌超过800毫克时，即超过需要量的10倍以上，则引起中毒反应表现为厌食，生长受到抑制。

7. 硒　是谷胱甘肽过氧化酶的组成成分，与维生素E协同阻止体内某些代谢产物对细胞膜的氧化，保护细胞膜不受损害。在这一点上，硒与维生素E如果一方缺乏，另一方充足，引起的症状就比较轻，双方都缺乏则症状加重，所以两者有一定的互补作用。但维生素E在生殖功能方面的功能，硒是不能补偿的。鸡缺硒时，出现渗出性素质病，表现为皮肤呈淡绿色至淡蓝色，皮下出血、水肿，肌肉萎缩，产蛋率、孵化率、雏鸡成活率均下降。

一般情况下，每千克饲料应含硒 0.1～0.3 毫克。植物性饲料的含硒量与土壤有很大关系，我国大部分地区（尤其是在东北一些山区）土壤含硒较少，因此大多数配合饲料含硒量不足。所以，每千克饲料中应添加亚硒酸钠 0.22 毫克，以满足鸡体的需要。

如果饲料本身含硒不足，微量元素添加剂不含硒或含硒量未达到标准，可引起硒缺乏症，伴有维生素 E 缺乏的更容易发病。

过量的硒会引起中毒反应。生长鸡饲料中含硒量超过 5 毫克/千克，鸡生长受阻，羽毛蓬乱，神经过敏，性成熟延迟。种鸡饲料中含硒量超过 5 毫克/千克时，种蛋孵化率下降。

七、能量

鸡的一切生理活动，如呼吸、循环、吸收、排泄、繁殖和体温调节等都需要能量，而能量来源主要是饲料中的碳水化合物、脂肪、蛋白质等营养物质。其中，脂肪的能值为 39.7 兆焦/千克，蛋白质的能值为 23.7 兆焦/千克，碳水化合物的能值为 17.4 兆焦/千克。饲料中各营养物质的热能总值称为饲料总能，饲料中的营养物质在鸡的消化道内不能完全被消化的物质随粪便排出，粪中也含有能量，饲料总能减去粪能为消化能。

鸡是恒温动物，有维持体温恒定的能力。当外界温度低时，机体代谢加速，产热量增加，以维持正常体温，维持能量消耗也就增多。因此，冬季日粮中能量水平应适当提高。

鸡还有自身调节采食量的本能，饲料能量水平低时就多采食，使一部分蛋白质转化为能量，造成蛋白质的浪费；饲料能量过高，则相对减少采食量，影响了蛋白质和其他营养物质的摄取量，从而造成体内能量相对剩余，使鸡体过肥，对鸡产蛋不利。因此，在配合饲料时必须首先确定适宜的能量标准，然后在此基础上确定其他营养物质的需要量。在我国的饲养标准，为了平衡饲料的能量和蛋白质，用蛋白能量比来确定蛋白质与能量的比例关系。

第二节 蛋鸡的常用饲料

凡是含有鸡所需要的营养成分而不含有害成分的物质均称为饲料。鸡的常用饲料有数十种，各具特点，按其营养成分大致可分为能量饲料、蛋白质饲料、青饲料、粗饲料、矿物质饲料和饲料添加剂。

一、能量饲料

饲料中的有机物都含有能量，而这里所谓能量饲料是指那些富含碳水化合物和脂肪的饲料，其干物质中粗纤维含量在18%以下、粗蛋白含量在20%以下。这类饲料的消化率高，每千克饲料干物质代谢能为7.14~14.7兆焦，粗蛋白含量少，仅为7.8%~13%，特别是缺乏赖氨酸和蛋氨酸，含钙量少、磷多。因此，这类饲料必须和蛋白质饲料等其他饲料配合使用。

（一）玉米

玉米含能量高、纤维少，适口性好，消化率高，是养鸡生产中用得最多的一种饲料，素有饲料之王的称号。中等质地的玉米含代谢能13.2~14.7兆焦/千克，而黄玉米中含有较多的胡萝卜素，用黄玉米喂鸡可提供一定数量的维生素A，可促进鸡的生长发育、产蛋及卵黄着色。玉米的缺点是蛋白质含量低、质量较差，缺乏赖氨酸、蛋氨酸和色氨酸，钙、磷含量也较低。在鸡的饲粮中，玉米可占50%~70%。

（二）高粱

高粱中含能量与玉米相近，但含有较多的单宁（鞣酸），味道发涩，适口性差，饲喂过量还会引起便秘。一般在饲料中用量不超过10%~15%。

（三）粟

俗称谷子，去壳后称小米。小米能量含量与玉米相近，粗蛋白质含量高于玉米10%左右，核黄素含量高，而且适口性好，一般在饲料中可占15%～20%。

（四）碎米

碎米是加工大米筛下的碎粒。能量、粗蛋白质、蛋氨酸、赖氨酸等含量与玉米相近，而且适口性好，是鸡良好的能量饲料，一般在饲料中可占30%～50%或更多一些。

（五）小麦

小麦能量含量与玉米相近，粗蛋白质含量高，氨基酸比其他谷实类完全，B族维生素丰富。其缺点是适口性稍差些，而且含维生素A较少，用量超过20%以后，不利于卵黄着色。

（六）小麦麸

小麦麸粗蛋白质含量较高，可达13%～18%。B族维生素含量也较丰富，质地松软，适口性好，有轻泻作用，适合喂育成鸡和蛋鸡。缺点是粗纤维含量较高，能量含量相对较低，钙、磷含量比例不平衡，喂鸡不宜用量过多。一般可占雏鸡和成鸡饲料的5%～15%，育成鸡饲料的10%～20%。

（七）米糠

米糠是稻谷加工的副产物，其成分随加工大米精白的程度而有显著差异。米糠能量含量低，粗蛋白质含量高，富含B族维生素，含磷、镁和锰多，含钙少，粗纤维含量高。由于米糠含油脂较多，故不宜久存。一般在饲料中米糠用量可占5%～10%。

（八）油脂饲料

油脂能量高，产热量为碳水化合物或蛋白质的2.25倍。油脂可分为植物油和动物油两类，植物油吸收率高于动物油。为提高饲料的能量水平，可添加一定量的油脂。据试验，在产蛋鸡饲料中添加1%～3%的油脂，对提高鸡群产蛋率和饲料转化率都有较好的效果。

（九）糟渣类饲料

主要包括粉渣、糖渣、玉米淀粉渣、酒糟、醋糟、豆腐渣、酱油渣等。这些糟渣类经风干和适当加工也可作为养鸡的饲料，如豆腐渣、玉米淀粉渣、粉渣中含 B 族维生素较多，还含有未知促生长因子。试验证明，用以上糟渣类饲料加入鸡饲料中，不仅可以代替部分能量和蛋白质饲料，而且可以促进鸡的生长和健康，喂量可占饲料的 5%～10%。

二、蛋白质饲料

蛋白质饲料一般指饲料干物质中粗蛋白质含量在 20% 以上，粗纤维含量在 18% 以下的饲料。蛋白质饲料主要包括植物性蛋白质饲料和动物性蛋白质饲料及酵母。

（一）植物性蛋白质饲料

1. 豆饼（粕）　大豆因榨油方法不同，其副产品可分为豆饼和豆粕两种类型。用压榨法加工的副产品叫豆饼，用浸提法加工的副产品叫豆粕。豆饼（粕）中含粗蛋白质 40%～45%，含代谢能 10.08～10.92 兆焦/千克，矿物质、维生素的营养水平与谷实类大致相似，且适口性好，经加热处理的豆饼（粕）是鸡最好的植物性蛋白质饲料，一般在饲料中可占 10%～30%。虽然豆饼中赖氨酸含量比较高，但缺乏蛋氨酸，故与其他饼粕类或鱼粉配合作用，或在以豆饼为主要蛋白质饲料的无鱼粉饲料中加入一定量的合成氨基酸，饲养效果更好。

在大豆中含有抗胰蛋白酶因子、红细胞凝集素和皂角素，前者阻碍蛋白质的消化吸收，后两者是有害物质。大豆榨油前，其豆胚经 130℃～150℃ 蒸气加热，可将有害酶类破坏，除去毒性。用生豆饼（用生榨压成的豆饼）喂鸡是十分有害的，生产中应避免。

2. 葵花子粕（饼）　葵花子粕的营养价值随粗蛋白质含量多少而定。优质的脱壳葵花子粕粗蛋白质含量可达 40% 以上，蛋氨酸含量比豆饼多 2 倍，粗纤维含量在 10% 以下，粗脂肪含量在 5% 以下，钙、磷含量比同类饲料高，B 族维生素含量也比豆粕丰富，且容易消化。但目前完全脱壳的葵花子饼很少，绝大部分含一定量的壳，从而使粗纤维含量较高，消化率降低。目前常见的葵花子粕的干物质中粗蛋白平均含量为22%，粗纤维含量为18.6%；葵花子粕含粗蛋白质24.5%，含粗纤维19.9%，因此，含壳较多的葵花子粕在日粮中用量不宜过多，一般占5%～15%。

3. 芝麻粕　是芝麻榨油后的副产品，含粗蛋白质40%左右，蛋氨酸含量高，适当与豆粕搭配喂鸡，能提高蛋白质的利用率。一般在饲料中用量可占5%～10%。由于芝麻粕含脂肪多而不宜久贮，最好现加工现喂。

4. 菜子粕　菜子粕中粗蛋白质含量约38%，营养成分含量也比较全面，与其他油饼类饲料相比突出的优点是：含有较多的钙、磷和一定量的硒，B族维生素（尤其是核黄素）的含量比豆饼含量丰富，但其蛋白质生物学价值不如豆饼，尤其含有芥子毒素，有辣味，适口性差，生产中须加热处理去毒才能作为鸡的饲料，一般在饲料中占5%左右。

5. 棉子粕　机榨脱壳棉子粕中粗蛋白质含量在35%左右，其蛋白质品质不如豆粕和花生粕，粗纤维含量为18%左右，且含有棉酚。喂量过多不仅影响蛋的品质，而且还降低种蛋受精率和孵化率。一般说来，棉子粕不宜单独作为鸡的饲料，经去毒后（加入0.5%～1%的硫酸亚铁），添加氨基酸或豆粕、花生粕使用效果好，但在饲料中用量不宜过多，一般不超过4%。

（二）动物性蛋白质饲料

1. 鱼粉　鱼粉中不仅蛋白质含量高，而且氨基酸含量丰富而完善，其蛋白质生物学价值居动物性蛋白质饲料之首。鱼粉中维生素A、维生素D、维生素E及B族维生素含量丰富，矿物质也较全面，不仅钙、磷含量高，而且比例适当，铁、锌、碘、硒的含量也是其他饲料原料所不及的。进口鱼粉的粗蛋白质含量在60%以上，含盐量少，一般可占日粮的5%～10%；国产鱼粉含粗蛋白质35%～55%，盐含量高，一般可占饲料的3%～5%，否则易造成食盐中毒。

2. 肉骨粉　是由肉联厂的下脚料（如内脏、骨骼等）及病畜体的废弃肉经高温处理而制成的,其营养物质含量随原料中骨、肉、血、内脏比例不同而异,一般蛋白质含量为40%～65%,脂肪含量为8%～15%。使用时,最好与植物性蛋白质饲料配合,用量可占饲料的5%左右。

3. 血粉　血粉中粗蛋白质含量高达78%左右,富含赖氨酸,但蛋氨酸和胱氨酸含量较少,消化率比较低,生产中最好与其他动物性蛋白质饲料配合使用,用量不宜超过饲料的3%。

4. 蚕蛹粉　蚕蛹粉中含粗蛋白质50%～60%,各种氨基酸比较全面,特别是赖氨酸、蛋氨酸含量较高,是鸡良好的动物性蛋白质饲料。由于蚕蛹中含脂量高,贮藏不好极易腐败变质发臭,而且还容易把臭味转移到鸡蛋中,因而蚕蛹粉要注意贮藏,使用时最好与其他动物性蛋白质饲料配合使用,可占饲料的5%左右。

5. 羽毛粉　水解羽毛粉含粗蛋白质近80%,但蛋氨酸、赖氨酸、色氨酸和组氨酸含量低,而且消化率比较低,使用时要注意氨基酸平衡问题,应与其他动物性饲料配合使用,一般在饲料中可占2%～3%。

(三) 酵母

目前,我国饲料生产中使用的有饲料酵母和石油酵母。

生产中常用啤酒酵母制作饲料酵母。这类饲料含粗蛋白质较多,消化率高,且富含必需氨基酸和B族维生素。利用饲料酵母配合饲料,可补充饲料中蛋白质和维生素营养,可占饲料的5%～8%。

三、矿物质饲料

矿物质饲料是为了补充植物性饲料和动物性饲料中某些矿物质元素的不足而利用的一类饲料。矿物质在大部分饲料中都有一定含量,在散养和低产的情况下,看不出明显的矿物质缺乏症,但在笼养、舍养的情况下需要量增多,易出现缺乏,必须在饲料中补加。

（一）食盐

在大多数植物性饲料中缺乏元素钠和氯，饲料中添加食盐后，既可补充钠、氯元素不足，保证体内正常新陈代谢，又可以增进鸡的食欲，一般在饲料中添加量为0.3%～0.5%。若鸡群发生啄癖，在3～5天饲料中食盐用量可增至0.5%～1.0%。若饲料中含有咸鱼粉，则应根据鱼粉的含盐量减少食盐的添加量，以免发生食盐中毒。

（二）骨粉

骨粉是动物骨骼经过高温、高压、脱脂、脱胶、粉碎而制成的。它不仅钙、磷含量丰富，而且比例适当，是鸡很好的钙、磷补充饲料。骨粉的价格较其他钙磷饲料价格高，生产中添加的目的是补充磷的不足。如果使用其他钙磷饲料，要注意配合饲料中的磷的含量是否充足。

（三）磷酸氢钙

磷酸氢钙中含钙20%以上，含磷15%以上，生产中使用脱氟的磷酸氢钙主要是补充日粮中磷的不足，一般在饲料中用量为0.6%～2%。

（四）贝壳粉

贝壳粉是由螺蚌的外壳加工粉碎而成的，含钙量在30%以上，且容易被消化吸收，是鸡比较好的含钙矿物质饲料。贝壳粉在饲料中用量，雏鸡和育成鸡占1%～2%，产蛋鸡占4%～8%。

贝壳作为矿物质饲料既可加工成粒状，也可制成粉状。粒状贝壳粉既能补充钙，又能起到"牙齿"的作用，有利于饲料的消化，平养时可单独放在饲槽中让鸡自由采食；粉状贝壳容易消化吸收，常拌在饲料中喂给。

（五）石粉

石粉即石灰石粉，为天然的碳酸钙，一般含钙35%以上，是补充钙质最廉价、最简便的矿物质饲料。只要石灰石中的铅、汞、砷、氟的含量不超标，都可制成石粉，用做补充钙质的矿物质饲料。由于鸡对石粉消化吸收能力差,因而最好与贝壳粉配合使用。石粉在饲料中用量,雏鸡、育成鸡占1%左右,产蛋鸡占2%~6%。使用石粉时特别要注意氟的含量,因氟会使体内的钙与之结合成不能被利用的氟化钙,出现缺钙症状。

（六）沸石

沸石是一种含水的硅酸盐矿物,在自然界中多达40多种。沸石中含有磷、铁、铜、钠、钾、镁、锶、钡等20多种矿物质元素,是一种优质价廉的矿物质饲料,一般在饲料中可占1%~3%。在饲料中添加沸石可以促进鸡的消化,补充多种矿物质元素。

（七）沙砾

沙砾有利于肌胃中饲料的研磨,起到"牙齿"的作用,尤其是笼养鸡和舍饲鸡更要注意补给,不喂沙砾时,鸡对饲料的消化能力大大降低。据研究,鸡吃不到沙砾,饲料的消化率要降低20%~30%。因此,养鸡要经常补给沙砾。平养时,可将沙砾单独放在沙盘中让鸡自由采食;笼养时,可在饲料中添加1%~2%。

四、饲料添加剂

为满足鸡的营养需要,保证饲料的全价性,需要在饲料中添加原来含量不足或不含有的营养物质和非营养性物质,以提高饲料利用率、促进鸡生长发育、防治某些疾病、减少饲料贮藏期间的营养物质的损失、改进产品品质等,这类物质称为饲料添加剂。

（一）营养性添加剂

主要用于平衡或强化饲料营养,包括氨基酸添加剂、维生素添加剂和微量元素添加剂。

1. 氨基酸添加剂　目前使用较多的主要是人工合成的蛋氨酸和赖氨酸。在鸡的饲料中,蛋氨酸是第一限制性氨基酸,它在一般的植物性饲料中含量很少,不能满足鸡的营养需要。配合饲料中不使用鱼粉等动物性饲料,必须要添加蛋氨酸,通常

0.1%～0.5%。据试验,在一般饲料中添加 0.1%的蛋氨酸,可提高蛋白质的利用率 2%～3%,在用植物性饲料配成的无鱼粉饲料中添加蛋氨酸,其饲养效果同样可以接近或达到有鱼粉饲料的生产水平。

赖氨酸也是限制性氨基酸,它在动物性饲料和豆科饲料中含量较多,而在谷类饲料中含量较少。在粗蛋白质水平较低的饲料中添加赖氨酸,可提高饲料中蛋白质的利用率。据试验,在一般饲料中添加赖氨酸后,可减少饲料中粗蛋白质用量的 3%～4%,一般赖氨酸在饲料中的添加量为 0.1%～0.3%。

2. 维生素添加剂　这类添加剂有单一的制剂,如维生素 B_1、维生素 B_2、维生素 E 等,也有复合维生素制剂。市场上有各种各样的维生素制剂,可根据实际情况选用。对于笼养鸡,饲喂青绿饲料不太方便,配合饲料中要注意添加各种维生素制剂。添加时按说明添加,饲料中原有的不予考虑,作为冗余量处理。鸡处于应激状态下,如高温、运输、注射疫苗、断喙时,要加大维生素制剂的添加量,可以使用多维电解质等维生素制剂。

3. 微量元素添加剂　目前,市场上的产品大多是复合微量元素,对于笼养鸡来说,配料时必须添加。另外,根据当地的原料含微量元素的特点,适当添加容易缺乏的元素。

(二)非营养性添加剂

这类添加剂虽不含有鸡所需要的营养物质,但添加后对促进鸡的生长发育、提高产蛋率、增强抗病能力、饲料贮藏等大有益处,包括抗生素添加剂、驱虫保健添加剂、抗氧化剂、防霉剂、中草药添加剂及酶类制剂等。

1. 抗生素添加剂　抗生素具有抑菌作用,一些抗生素作为添加剂(表 3-1)加入饲料后,可抑制肠道内有害菌的活动,具有抑制多种呼吸、消化系统疾病,提高饲料利用率,促进增重和产蛋的作用,鸡处于应激状态下效果更为明显。

表 3-1 蛋鸡饲料中抗生素添加剂的使用及作用

抗生素	用量（克/吨）	作　　用
土霉素	25～100	促进生长，提高产蛋率和饲料利用率，防治慢性呼吸道病、霍乱、鸡白痢
金霉素	10～500	促进生长，提高饲料利用率
新霉素	70～140	促进生长，提高饲料利用率，防治细菌性肠炎
红霉素	4.5～18.5	促进生长，提高产蛋率和饲料利用率
林可霉素	2～4	促进生长，提高饲料利用率
泰乐菌素	40～500	促进生长，提高产蛋率和饲料利用率，防治慢性呼吸病、非特异性肺炎

2. 驱虫保健添加剂　在鸡的寄生虫病中，球虫病发病率高，危害大，要特别注意预防。常用的抗球虫药有氨丙啉、盐霉素、莫能霉素、地克珠利等，使用时应交替使用，以免产生抗药性。

3. 抗氧化剂　在饲料贮藏过程中，加入抗氧化剂可以减少维生素、脂肪等营养物质的氧化损失，如每吨饲料中添加 200 克山道喹，贮藏 1 年后，胡萝卜素损失 30％，而未添加抗氧化剂的损失 70％。富含脂肪的鱼粉中添加抗氧化剂，可维持原来粗蛋白质的消化率，使各种氨基酸消化吸收及利用率不受影响，常用的抗氧化剂有山道喹、乙基化羟基甲苯、丁基化羟基甲苯等，一般添加量为 100～500 毫克/千克。

4. 防霉剂　在饲料贮藏过程中，为防止饲料发霉，保持良好的适口性和营养价值，可在饲料中添加防霉剂。常用的防霉剂有丙酸钠、丙酸钙、脱氢醋酸钠等，添加量为：丙酸钠每吨饲料添加 1 千克，丙酸钙每吨饲料添加 2 千克，脱氢醋酸钠每吨饲料添加 200～500 克。

5. 酶制剂　使用酶制剂可以提高常规饲料的转化率，而且能够提高糠麸、糟渣类、薯类等非粮食原料的可利用性。由于糠麸、糟渣类、薯类、棉子粕、菜子粕类等饲料中粗纤维含量高及抗营养因子的存在，限制了它们在饲料工业中的应用。利用酶制剂，可以降低或消除这些不利因素，降低饲料的成本，提高经济效益。如植酸酶能够催化植酸水解，使植物中原本不能吸收的以植酸磷形式贮藏的磷能够被鸡体吸收利用，提高饲料的可利用养分的用量。由于在饲料中的植酸酶添加很少的剂量就可替换出很多的磷，为饲料配方节省出了宝贵的空间，使成本进一步下降。

（三）注意事项

1. 正确选择　目前饲料添加剂的种类很多，每种添加剂都有自己的用途和特点。因此，使用前应充分了解它们的性能，然后结合饲养目的、饲养条件、鸡的品种及健康状况等，选择使用。

2. 用量适当　用量少，达不到目的；用量过多，既增加饲养成本，还会引起中毒。用量多少应严格遵照生产厂家的使用说明。

3. 搅拌均匀程度与效果直接相关　饲料中混合添加剂时，必须搅拌均匀，否则即使是按规定的量饲用，也往往起不到作用，甚至会出现中毒现象。若采用手工拌料，可采用三层次分级拌和法。由于添加剂的用量很少，只有采用多层次分级搅拌才能混匀。

4. 混于干粉料中　饲料添加剂只能混于干饲料（粉料）中，短时间贮藏待用才能发挥它的作用。不能混于加水的饲料和发酵的饲料中，更不能与饲料煮沸使用。

5. 贮存时间不宜过长　大部分添加剂不宜久放，特别是营养性添加剂，久放后容易受潮发霉变质或发生氧化还原反应而失去作用，如维生素添加剂等。

6. 配伍禁忌　在同时使用两种以上的添加剂时，应考虑有无颉颃、抑制作用，是否会产生化学反应。主要注意以下几方面：药物添加剂的配伍禁忌，矿物质元素间相互作用，维生素与矿物质元素间的影响，维生素间相互影响。

第三节 各种饲料原料的营养价值

各种饲料原料的特点及常规成分可查阅表3-2，各种饲料原料的有效能及矿物质含量可查阅表3-3。

根据表3-2、表3-3进行合理的饲料原料选择，保证饲料营养的全面、均衡。

表3-2 常见饲料原料常规成分（%）

原料	饲料描述	干物质	粗蛋白质	粗脂肪	粗纤维	无氮浸出物	粗灰分	钙	总磷	非植酸态磷
玉米	成熟	86.0	8.6	3.1	1.2	71.1	1.2	0.02	0.27	0.12
高粱	成熟	86.0	8.7	3.4	1.4	70.4	1.8	0.13	0.36	0.17
小麦	混合小麦，成熟	87.0	13.9	1.7	1.9	67.6	1.9	0.17	0.41	0.13
稻谷	成熟	86.0	7.8	1.6	8.2	63.8	4.6	0.03	0.36	0.20
小麦麸	传统制粉工艺	87.0	15.6	3.9	8.9	53.6	4.9	0.11	0.92	0.24
米糠	新鲜，不脱脂	87.0	12.8	16.5	5.7	44.5	7.5	0.07	1.43	0.10
大豆	熟化	87.0	35.5	17.3	4.3	25.7	4.2	0.27	0.48	0.30
大豆饼	机榨	87.0	40.7	5.7	4.7	30.0	5.7	0.30	0.49	0.24
大豆粕	浸提或预压浸提	87.0	46.8	1.0	3.9	30.5	4.8	0.31	0.61	0.17
棉子饼	机榨	88.0	36.3	7.4	12.5	26.1	5.6	0.21	0.83	0.28
菜子饼	机榨	88.0	35.7	7.4	11.3	26.3	7.2	0.59	0.96	0.33
向日葵仁粕	壳仁比24:75	88.0	33.6	1.0	14.8	33.3	5.3	0.26	1.03	0.16
玉米蛋白粉	玉米去胚芽、淀粉后的面筋部分	90.1	63.5	5.4	1.0	19.2	1.0	0.07	44.00	0.17
鱼粉（CP 64.0%）	进口	90.0	64.5	5.6	0.5	8.0	11.4	3.81	2.83	2.83
鱼粉（CP 53.3%）	山东、浙江等产脱脂小鱼粉	90.0	53.3	10.0	0.8	4.9	20.8	5.88	3.20	3.20
肉骨粉	屠宰下脚料，带骨干燥粉碎	93.0	45.0	8.5	2.5	0.0	37.0	11.0	5.90	5.90
苜蓿草粉	1茬，盛开期，烘干	87.0	19.1	2.3	22.7	35.3	7.6	1.40	0.51	0.51

表3-3 常见饲料原料的有效能及矿物质

原料	鸡代谢能 (兆焦/千克 兆卡/千克)		钠(%)	钾(%)	氯(%)	镁(%)	硫(%)	铁(毫克/千克)	铜(毫克/千克)	锰(毫克/千克)	锌(毫克/千克)	硒(毫克/千克)
玉米	13.31	3.18	0.01	0.29	0.04	0.11	0.13	36	3.4	5.8	21.1	0.04
高粱	12.3	2.94	0.03	0.34	0.09	0.15	0.08	87	7.6	17.1	20.1	0.05
小麦	12.72	3.04	0.06	0.50	0.07	0.11	0.11	88	7.9	45.9	29.7	0.05
稻谷	11.00	2.63		0.34	0.07	0.07	0.05	40	3.5	20.0	8.0	0.04
小麦麸	6.82	1.63	0.07	1.19	0.07	0.52	0.22	170	13.8	104.3	96.5	0.07
米糠	11.21	2.68	0.07	1.73	0.07	0.52	0.18	303	7.1	175.9	50.2	0.09
大豆	13.56	3.24	0.02	1.70	0.03	0.28	0.23	111	18.1	21.5	40.7	0.06
大豆饼	10.54	2.52	0.02	1.77	0.02	0.25	0.33	187	19.8	32.0	43.4	0.04
大豆粕	9.83	2.35	0.03	2.00	0.05	0.27	0.43	181	23.5	37.3	45.3	0.10
棉子饼	9.04	2.16		1.20	0.14	0.52	0.40	266	11.6	17.8	44.9	0.11
菜子饼	8.16	1.95	0.02	1.34				687	7.2	78.1	59.2	0.29
向日葵仁粕	8.49	2.03	0.20	1.23	0.10	0.68	0.30	310	35.0	35.0	80.0	0.08
芝麻饼	8.95	2.14	0.04	1.39	0.05	0.50	0.43		50.4	32.0	2.4	
玉米蛋白粉	16.23	3.88	0.01	0.30	0.05	0.08	0.43	230	1.9	5.9	19.2	0.02
鱼粉(CP64.5%)	12.38	2.96	0.88	0.90	0.60	0.24	0.77	226	9.1	9.2	98.9	2.70
鱼粉(CP53.5%)	12.13	2.90	1.15	0.94	0.61	0.16		292	8.0	9.7	88.0	1.94
肉骨粉	9.96	2.38	0.60	1.30	0.70	1.00	0.40	500		10.1	90.0	0.25
苜蓿草粉	3.64	0.87	0.17	2.40	0.46	0.36	0.37	361	9.7	30.7	21.0	0.46

第四节 我国蛋鸡饲养标准

一、蛋用鸡营养需要

蛋用鸡营养需要见表3-4。

表3-4 生长期蛋用鸡营养需要

项目	生长鸡周龄					
	0~6		7~14		15~20	
代谢能（兆焦/千克）	11.92		11.72		11.3	
粗蛋白（%）	18.0		16.0		12.0	
蛋白能量比（克/兆卡）	63		57		44	
蛋白能量比（克/兆焦）	15		14		11	
钙（%）	0.80		0.70		0.60	
总磷（%）	0.70		0.60		0.50	
有效磷（%）	0.40		0.35		0.30	
食盐（%）	0.37		0.37		0.37	
氨基酸	%	克/兆卡	%	克/兆卡	%	克/兆卡
蛋氨酸	0.30	1.05	0.27	0.96	0.20	0.74
蛋氨酸＋胱氨酸	0.60	2.11	0.53	1.89	0.40	1.48
赖氨酸	0.85	2.98	0.64	2.29	0.45	1.67
色氨酸	0.17	0.60	0.15	0.54	0.11	0.41
精氨酸	1.00	3.51	0.89	3.18	0.67	2.48
亮氨酸	1.00	3.51	0.89	3.18	0.67	2.48
异亮氨酸	0.60	2.11	0.53	1.89	0.40	1.48
苯丙氨酸	0.54	1.89	0.48	1.78	0.36	1.33
苯丙氨酸＋酪氨酸	1.00	3.51	0.89	3.18	0.67	2.48
苏氨酸	0.68	2.39	0.61	2.18	0.37	1.37
缬氨酸	0.62	2.18	0.55	1.96	0.41	1.52
组氨酸	0.26	0.91	0.23	0.82	0.17	0.63
甘氨酸＋丝氨酸	0.70	2.46	0.62	2.21	0.47	1.74

二、产蛋鸡的营养需要

产蛋鸡的营养需要见表3-5。

表3-5 产蛋鸡的营养需要

项目	产蛋鸡的产蛋率（%）					
	>80		65~80		<65	
代谢能（兆焦/千克）	11.51		11.51		11.51	
粗蛋白（%）	16.5		15.0		14.0	
蛋白能量比（克/兆卡）	60		54		51	
蛋白能量比（克/兆焦）	14		13		12	
钙（%）	3.50		3.40		3.30	
总磷（%）	0.60		0.60		0.60	
有效磷（%）	0.33		0.32		0.30	
食盐（%）	0.37		0.37		0.37	
氨基酸	%	克/兆卡	%	克/兆卡	%	克/兆卡
蛋氨酸	0.36	1.30	0.33	1.20	0.31	1.13
蛋氨酸+胱氨酸	0.63	2.29	0.57	2.07	0.53	1.93
赖氨酸	0.73	2.65	0.65	2.40	0.62	2.25
色氨酸	0.16	0.58	0.14	0.51	0.14	0.51
精氨酸	0.77	2.80	0.70	2.55	0.66	2.40
亮氨酸	0.83	3.02	0.76	2.76	0.70	2.55
异亮氨酸	0.57	2.07	0.52	1.89	0.48	1.75
苯丙氨酸	0.46	1.67	0.41	1.49	0.39	1.42
苯丙氨酸+酪氨酸	0.91	3.31	0.83	3.02	0.77	2.80
苏氨酸	0.51	1.85	0.47	1.71	0.43	1.56
缬氨酸	0.63	2.29	0.57	2.07	0.53	1.93
组氨酸	0.18	0.65	0.17	0.62	0.15	0.55
甘氨酸+丝氨酸	0.57	2.07	0.52	1.89	0.48	1.75

第四章　育成鸡的饲养管理

第一节　雏鸡的生理特点及进雏前的准备

一、雏鸡的生理特点

（一）体温调节功能不完善，既怕冷又怕热

鸡的羽毛有防寒作用并有助于体温调节，刚出壳的雏鸡体小，全身覆盖的绒毛比较稀疏短小，体温比成年鸡低。据研究，幼雏的体温比成年鸡低3℃左右，10日龄以后到3周龄才逐渐恒定到正常体温。当环境温度较低时，雏鸡体热散发加快，导致体温下降和生理功能障碍；反之，若环境温度过高，因鸡没有汗腺，不能通过排汗的方式散热，雏鸡就会感到极不舒适。因此，在育雏时要有较适宜的环境温度，开始时供给较高的温度，第2周起逐渐降温，以后视季节和房舍等条件于4~6周脱温。

（二）发育生长快，前期增重显著

在鸡的一生中，雏鸡阶段生长相对生长速度最快。据研究，蛋用型雏鸡的初生重为40克左右，2周龄时增加2倍，6周龄时增加10倍，8周龄时则增加15倍。因此，配制雏鸡饲料时既要力求营养全面，又要供应充足，这样才能满足鸡快速生长发育的需要。

（三）胃肠容积小，消化能力弱

雏鸡的消化功能还不健全，加之胃肠道的容积小，因而在饲养上不仅要精心调制饲料，保证饲料适口性好，易于消化吸收，而且不能间断供给饮水，以满足雏鸡的生理需要。

（四）雏鸡对环境变化敏感，胆小易惊

外界环境稍有变化都会引起应激反应。要注意对雏鸡的各种应激进行适应性训练，如在雏鸡舍内放音响等以防止产蛋期对应激过于敏感。

（五）抗病力差，对兽害无自卫能力

雏鸡体小，免疫功能还未发育完全，易受多种疫病的侵袭，如新城疫、马立克氏病、白痢病、球虫病等。因此，在育雏时要严格执行消毒和防疫制度，搞好环境卫生。在管理上保证育雏室通风良好，空气新鲜；经常洗刷用具，保持清洁卫生；及时使用疫苗和药物，预防和控制疾病的发生。同时，还要注意关紧门窗，防止黄鼠狼、犬、鼠、猫等进入育雏室而伤害雏鸡。

二、进雏前的准备工作

（一）育雏舍

育雏舍是专门用于饲养0~8周龄的雏鸡房舍。育雏阶段要供温，室温要求为20℃~35℃，不能低于20℃，因此房舍要求保温性能良好，通风，但风速不能过高，既保证空气流通又不影响室温为宜。育雏舍与其他鸡舍的距离至少应有100米，有条件的地方，雏鸡应不与其他鸡混养在一起，这样可减少疾病传播的机会。育雏舍的建筑有开放式和密闭式两种，应根据当地条件、育雏季节而定。

（二）设备

设备应根据需要而设置，现代养鸡方式采用一段式和分段式两种。一段式即从孵出1日龄开始到育成结束为止，始终养在同一鸡舍内，因此这种鸡舍既是育雏舍又是育成舍。分段即将雏鸡和育成鸡单独分开饲养在育雏舍和育成舍。

一段式和分段式都必须有以下设备：

(1) 供热　有各种不同供热方式，有暖气、暖风、空调、电热、地下火道等。

(2) 电热育雏伞　可用木板、纤维板或铁皮等材料制作，在伞罩内上部有电热丝。伞罩可使热量向下辐射，温度集中，既省燃料，且育雏效果好。伞下所容雏鸡数量，根据伞的面积和高度而定，一般可容纳300~1000只（表4-1）。育雏伞要随雏鸡日龄增长而逐渐升高，雏鸡只需室温时，育雏伞可撤去，以减少占地空间。

表4-1　电热伞育雏器容纳雏鸡数量

伞罩直径（厘米）	伞高（厘米）	容纳0~2周龄鸡数量（只）
100	55	300
130	60	400
150	70	500
180	80	600
240	100	1000

（3）照明　在育雏伞下安装一电灯，使雏鸡集中于热源伞下，既能取暖同时可以采食和饮水。1周龄以后雏鸡熟悉环境后即可关闭。

（4）食槽　如果食槽设计不科学，将会造成饲料浪费。鸡的日龄与饲养方式不同，对食槽要求不同，但均要求食槽光滑、平整，鸡采食方便但不浪费饲料，便于清洗和消毒。槽的高度要合适，通常食槽上缘比鸡背高2厘米，蛋用型鸡不同日龄所需食槽规格见表4-2。

表4-2　蛋用型鸡所需食槽规格

周龄	槽式（厘米/只）	吊桶式（只/个）
1~4	2.5	35
5~10	5.0	25
11~20	7.5~10	20

食槽可用木板、镀锌铁皮或硬塑料板制成，种类较多，现代鸡场多采用以下几种饲喂机械：

①链式饲喂机　主要由饲料箱、驱动箱、链环、长饲槽、转角轮、清洁器支架等组成；

②弹簧式螺旋饲喂机　是一种固定式饲喂机，转速居中，特别适用于平养育雏和育成鸡；

③塞盘式饲喂机　是目前常用的一种，由一根直径5～6毫米的钢丝绳和塑料塞盘组合而成。

(5) 饮水器种类很多，根据鸡的大小和饲养方式选用，但都要求具有容易清洗、不漏水等特点。常用的饮水器有以下3种：

①真空饮水器　多采用聚乙烯塑料制成，结构简单，广泛用于平养和笼养雏鸡，桶容量1～3升，盘直径160～220毫米，槽深25～30毫米，可供70～100只雏鸡饮水；

②杯式饮水器　平养雏鸡阶段每杯可供30只雏鸡使用，育成鸡每杯10～12只。使用时要求有一定的水压，雏鸡1～10日龄为0.1千克/平方厘米，10～20日龄为0.175千克/平方厘米，20日龄以后为0.25千克/平方厘米，育成鸡0.42～0.56千克/平方厘米；

③乳头式饮水器　大部分规模化鸡场已采用。

(三) 制定育雏计划

根据本厂具体条件制定和落实育雏计划，每批进雏数应与育雏鸡舍、成鸡舍的容量一致。一般育雏育成舍和成鸡舍比例为1∶2。盲目进雏，数量过多，可致使饲养密度大、设备不足，而使饲养管理不善，影响鸡群的发育，容易诱发疾病，增加死亡率。

一般进雏数取决于当年新母鸡的需要量，用这个数除以育雏育成期间的死淘率，即可得到需要的进雏数。

(四) 饲料和垫料的准备

按雏鸡的营养需要配合好饲料，饲料要新鲜，防止霉变。

垫料是指育雏室内各种地面铺垫物的总称。在平面育雏（硬质地面）时一般都使用垫料。垫料切忌霉烂，要求干燥、清洁、柔软、吸水性强、灰尘少。常用的有稻草、麦秸、碎玉米芯、锯屑等。优质的垫料对雏鸡腹部有保温作用。

（五）消毒和预热

进雏前2周，清洗、消毒育雏舍。首先，冲洗鸡舍地面、四周墙壁和屋顶、鸡笼及用具等，待干后再用消毒药进行喷雾，最后，将鸡舍密闭进行熏蒸消毒，用于熏蒸的药物有福尔马林和高锰酸钾，也可用过氧醋酸，药的浓度根据鸡舍污染程度而定，熏蒸时室内温度应在15℃～20℃，相对湿度在60%～80%，熏蒸时间一般为12～24小时。在进雏前1～2天，预热后育雏器和育雏笼及室内温度应达到标准要求。

（六）育雏时间的选择

在现代化大规模的鸡场，一般都采用密闭鸡舍育雏，温度和光照等完全由人工控制，这就打破了育雏时间受季节限制，一年四季均可育雏并能取得好的效果。在我国，特别是广大农村，相当一部分鸡场采用开放式鸡舍饲养，因季节不同，雏鸡生长阶段所处的环境，特别是光照的长短有很大的差异，必须通过改善饲养管理，适当控制性成熟。

（七）育雏方式

人工育雏方式大致可分为立体笼式育雏和平面（网上、地面）育雏两大类。

1. 立体笼式育雏 立体笼式育雏的优点是，可以增加饲养密度，节省建筑面积和土地面积，便于实现机械化、自动化，管理定额高，同时提高了雏鸡的成活率和饲料利用率。国外养鸡业发达的国家，90%以上蛋鸡都采用笼养育雏，我国也已广泛应用。

(1) 电热育雏器 这是一种三层饲养的育雏保温器，属于叠层笼养设备。它由一组电加热笼，一组保温笼和四组运动笼三部分组成。目前常采用四层，该设备育雏饲养密度比平养提高3倍以上。饲养量，1～15日龄达1400～1600只，16～30日龄为1000～1200只，31～45日龄为700～800只。

(2) 育雏育成笼 除用电热育雏器笼养外，尚有一种育雏、育成鸡在同一舍内笼养的育雏育成笼。采用四层阶梯式，两层中间笼先育雏，育雏结束后，把部分雏鸡移至另外两层饲养，可以减少转群所造成的伤亡。

目前多将育雏笼和育成笼分开置在育雏舍和育成舍。四层叠层式，底网不倾斜，网眼较小，一般为12毫米×12毫米，开始几周铺垫塑料网片。金属网丝直径为2～2.5毫米，侧网、后网网眼均为25毫米×25毫米，前网栏间距离为20～35毫米，可调节。

2. 网上育雏　将雏鸡养在离地面50～60厘米高的铁丝网上，网分网片和框架两部分。网片采用直径为3毫米的冷拔钢丝焊成，并进行镀锌防腐处理，网片尺寸应与框架相配。网眼尺寸为20毫米×80毫米，也可采用20毫米×100毫米。框架是支撑网片的承重结构，四周通梁用槽形薄壁钢焊成，加强梁为扁钢。

3. 地面平养　根据房舍的不同，可以用水泥地面、砖地面、土地面或炕面育雏，地面铺设垫料，室内设食槽、饮水器及保暖设备。此种方式占地面积大，管理不方便，雏鸡易患病，所以只适于小规模、暂无条件的鸡场采用。

（八）供暖设备

雏鸡一般在0～8周龄都需要供暖，供暖的设备有以下几种：

1. 热风炉　是以煤等为原料的加热设备，在舍外设立热风炉，将热风引进鸡舍的上方，或采用正压将热风吹进鸡舍上方，集中预热育雏室内空气，效果良好。

2. 锅炉供暖　分水暖型和气暖型。水暖型主要以热水经过管网进行热交换，升温缓慢，但保温时间长，鸡舍温湿度适宜，操作安全。气暖升温快，管网以气进行交换，鸡舍内空气较干燥，降温也快。育雏供温以水暖为宜，如网上平养，供暖系统可设置在网下，热空气上升，正适宜雏鸡需要。

3. 红外线供暖　红外线发热原件有两种主要形式，即明发射体和暗发射体，都安装在金属反射罩下。明发射体所用的灯泡为250瓦，可供100～250只雏鸡保温。暗发射体（红外线板或棒）

只发出红外线不发出可见光,因此使用时应配一照明灯。暗发射体的功率为 180～250 瓦或 500 瓦以上。红外线离地面高度视季节及雏鸡日龄而定,寒冷季节距地面约 35 厘米,炎热季节距地面 40～50 厘米,饲料和饮水器不应放在发热体的正下方。明发射体的育雏数与室温有关。用红外线灯育雏,因温度稳定,室内干净,垫料干燥,育雏效果良好,但耗电多,灯泡易碎,故成本高。一些地区用暗发射体代替明发射体取得了良好效果。

4. 煤炉供暖 这是一种廉价易得的供暖设备,是北方群众常用的供暖设备,燃料为煤球、煤块。保温良好的房舍,20～30 平方米设一个炉子即可。虽费人力,温度不稳定,室内空气易污染,但因燃料易得,所以在我国一部分鸡场仍然采用。

第二节 雏鸡的饲养管理

一、初生雏的技术处理

雏鸡必须在孵出 24 小时内进行雌雄鉴别,注射马立克氏病疫苗,有的还要进行剪冠和断趾。

二、初生雏的选择和运输

(一)初生雏的选择

雏鸡生长是否良好与孵化场供应的雏鸡质量密切相关。种蛋与孵化机被污染后,孵出的雏鸡易发病和死亡,因此应从种鸡质量好、鸡场防疫严格、出雏率高的鸡场进雏鸡。同一批孵化、按期出雏的鸡成活率高,易饲养。从外观上要选择光亮、大小一致、整齐、初生重符合品种要求的雏鸡。检查腹部应柔软,脐部愈合完全,羽毛覆盖整个腹部。脐部有出血痕迹或发红呈黑色、棕色或为钉脐者,腿、喙或眼有残疾的均应淘汰。

(二)初生雏的运输

雏鸡经过挑选与雌雄鉴别后就可起运,最好能在 48 小时到达目的地,时间过长对雏鸡的生长发育有较大的影响。运输雏鸡有专用的运雏箱,用硬纸板或塑料制成,箱外要注明品种、出雏日期、鸡数、运至地址与单位。运输箱有整装式和折叠式,后者较方便,占面积小,运输箱规格见表4-3。运输箱四周与顶盖开有通风孔,箱内有隔板,防止挤压,箱底可铺细软垫料,以减轻振动。

表4-3 运输箱的规格及容量

规格（厘米）	容量（只）	规格（厘米）	容量（只）
13×15×18	12	45×60×18	100
23×30×18	25	60×120×18	300
30×45×18	50		

运输注意事项：运载工具可用飞机、火车、汽车等。运输时要注意防寒、防缺氧、防热、防晒、防淋、防颠簸等。如路程远,中途最好检查雏鸡动态。

三、初生雏的饲喂技术

（一）饮水

1日龄雏鸡第1次饮水称为初饮,一般在毛干后3小时即可接到育雏室,给予饮水,因出雏后大量消耗体内水分。据研究,出雏24小时后消耗体内水分8%,48小时耗水15%,所以应先饮水后开食,这样能够促进肠道蠕动和残留的卵黄吸收,排除胎粪,增进食欲,利于开食。在首次饮水中可以加入0.01%的高锰酸钾,以促进胎粪的排出。也可以加入葡萄糖或多维电解质,以补充体液。幼雏初饮后,无论何时都不应该再断水。饲养中要防止长时间缺水后引起的雏鸡暴饮。饮水器每天要刷洗并应更换1~2次,饮水器要充足,初饮时100只雏鸡至少应有2~3个1.5升的真空饮水器,并均匀布置在鸡舍内。饮水器随着鸡日龄增大而调整,立体育雏笼开始可以在笼内饮水,1周后应训练在笼外饮水；平面育雏随日龄增大应调整饮水器的高度。初饮的水温保持与室温相同,1周后直接用自来水即可。

（二）开食

雏鸡第 1 次吃食称为开食，开食何时进行为宜，试验证明在孵出后 24～36 小时开食为宜，这时已有 60%～70% 的雏鸡有啄食表现。据试验，雏鸡在孵出后 24 小时开食的死亡率最低。开食过晚会消耗雏鸡的体力，使之变得虚弱，影响生长发育和增加死亡。

开食的方法是将准备好的饲料撒在反光性强的硬纸、塑料布或浅边食槽内，当一只雏鸡开始啄食时，其他雏鸡也会模仿。据介绍，应在饮水 3 小时后再开食。开食料用玉米碎粒，饲喂 1～2 天，这有助于防止饲料粘嘴和因蛋白过高而使尿酸盐存积糊住肛门。

饮水器和食槽要分布均匀，水槽、食槽间隔放置，平面育雏前几天，水槽和料槽位置应离热源稍近些，便于雏鸡取暖、饮水和采食。

四、雏鸡的管理

（一）雏鸡的早期死亡

根据资料统计，雏鸡早期死亡多发生在 7 日龄以前，随日龄增大，抵抗力增强，死亡率下降。健壮的幼雏在正常的饲养管理下，第一周的死亡率不应超过 0.5%。

早期死亡主要原因有以下几种：种蛋来自非健康鸡群，一些疾病经垂直传播后，使雏鸡患病，如鸡白痢、鸡霉形体病；孵化过程中因卫生不良，鸡胚感染；孵化条件掌握不当使幼雏脐部愈合不全；幼雏运输不当，致使雏鸡体质衰弱；育雏条件掌握不好，造成雏鸡死亡；其他，如兽害、机械损伤致死等。

（二）雏鸡培育的主要条件

1. 合适的温度　温度是首要条件，也是育雏的关键，必须严格而正确地掌握。育雏温度包括育雏室与育雏器的温度。室温比育雏器温度要低，育雏的环境温度一般有高、中、低之别，这样一方面促使空气对流，另一方面雏鸡可以根据生理需要选择适宜自己的温度。试验证明，温度过高或过低，不仅对雏鸡生长发育不利，而且雏鸡死亡率高，低温还会增加饲料消耗。

随雏鸡日龄的增加，适宜温度逐渐降低，这是由于雏鸡的生理发生了变化，如体温的升高、神经系统发育健全、羽毛的更换、抵抗力增强等。衡量育雏的温度是否适宜的标准，除室内温度表外，主要是观看雏鸡的行为和听雏鸡叫声。温度高，雏鸡远离热源，翅和嘴张开，呼吸增加，发出"吱吱吱"的鸣叫声；温度低，雏鸡聚集在一起尽量靠近热源，并发出"叽叽"的叫声，因聚集成堆，在下层的鸡被压而窒息。温度正常时，雏鸡活泼好动，吃食饮水正常，在育雏笼（室）内分布均匀，晚上雏鸡安静而伸脖休息。夜间气温低，育雏温度比白天应提高 $1℃\sim 2℃$。

2. 适宜的湿度 在一般正常情况下，雏鸡对相对湿度的要求不像温度那样严格，但在极端情况下，或湿度与其他因素共同发生作用时，不适宜的湿度可能对雏鸡造成很大的危害。如孵化原因造成出雏不齐，出雏的时间延长，出雏后又不能尽快送达育雏室，停留时间超过 72 小时，雏鸡出壳后长时间得不到饮水，这时如环境干燥，就可能发生脱水。其症状表现为绒毛发脆且大量脱落，脚趾干瘪，雏鸡食欲不振，饮水频繁，消化不良，体瘦弱。脱水雏鸡因水分散失过快易患病，同时体内水分的散失又带走部分热量，这不利于雏鸡恢复正常体温而增加死亡率。

湿度范围要根据不同地区，不同季节而灵活掌握，一般在 10 日龄后要注意防止高温高湿和低温高湿。

加湿的方法很多，如室内悬挂湿帘，火炉上放上水桶产生水蒸气，也可在水中添加消毒剂对鸡舍进行喷雾消毒，这样既增加了鸡舍湿度又进行了消毒。

3. 注意通风换气 鸡舍通风换气一是为了满足雏鸡对氧气的需要并调节温度。雏鸡体重虽小，但生长发育迅速，代谢旺盛，需要的氧气比较多。二是为了排除二氧化碳、氨气及多余的水汽和羽毛碎屑。鸡对氨气较敏感，尤其是幼雏。氨气可以通过呼吸道黏膜、眼结膜被吸收，引发呼吸道疾病。严重者能使中枢神经受到强烈的刺激。如果鸡长期处于低浓度的氨气环境中，机体的抵抗力明显减弱，容易发生疾病，使饲料报酬降低，性成熟延迟。所以，雏鸡不仅要注意保温，而且更要注意通风换气。通风量随雏鸡的日龄、体重、季节、温度的变化而变化。

4. 适宜的密度　每平方米面积容纳的鸡只数量称为饲养密度。密度过大，鸡群拥挤，采食不均，强者多食，弱者少食，致使鸡群发育不均衡，易感染疾病和发生啄癖，死亡率高。饲养密度过小，虽有利于成活和雏鸡的发育，但不利于保温，且不经济。

饲养密度的大小应随品种、日龄、通风换气的方式、饲养方式而调整。

5. 合理的光照制度　光照对鸡的活动、饮水、采食、繁殖等都有重要的作用。如对性成熟的影响，小母雏在生长阶段的后半期如每天光照超过10小时或者逐渐延长光照，将使小母鸡开产早、早熟、易早衰、蛋重小，并拖延了应达到平均体重的时间；有的鸡则在产蛋时易发生泄殖腔脱垂，产蛋的持续性也差，体重轻，死亡率高。

光照强度：刚孵出的雏鸡视力弱，为了活动、饮水、觅食方便，光照强度要大一些。如为密闭鸡舍，第1周龄内用10～30勒克斯，从2周龄开始为5勒克斯。光照强度的控制有3种方法：一是更换灯泡，二是控制开灯数量，三是调节电压，如需强度大，可将电压调高些，增加亮度。有无灯罩和灯的清洁度也是影响光照强度的因素。脏灯泡发出的光大约比干净的灯泡少1/3。有反光罩灯泡可比无反光罩灯泡的光照强度大45%。

6. 综合性的防病措施　由于鸡的生理结构及饲养密集等因素，与家畜相比容易发生传染病，尤其是雏鸡，一旦得病，传染快，死亡率高。因此，任何一个鸡场都必须把防病工作放在很重要的位置，搞好卫生。卫生包括饮水卫生、饲料卫生和环境卫生。饮水水质应符合人类的饮水标准，采用乳头式饮水可以减少水的污染。饲料保证新鲜不变质。环境卫生尤为重要,有些疾病与环境和用具被污染有很大关系,如脐炎和卵黄囊感染是与蛋库、孵化室和育雏室卫生分不开的。种蛋被大肠杆菌污染,使孵化率下降5%～10%,孵出的雏鸡在第1周死亡率上升,病鸡常表现出生长缓慢、气囊炎和脐炎等病变。带鸡消毒不仅可以预防疾病,还能净化鸡舍内的空气,增加鸡舍内的湿度。

7. 雏鸡的断喙　在1～12周龄均可进行断喙。商品蛋鸡多在6～10日龄,这样可以节省人力物力,降低成本,减少雏鸡应激及早期啄羽的发生。6～10日龄断喙后,在7～8周龄或10～12周龄时还应做适当的修剪。

五、雏鸡培育成效

雏鸡育成的成效如何,主要通过成活率、体重、健康、均匀度这几项指标衡量。

(一) 成活率

成活率也称育成率,即育雏期满后育成的雏鸡占1日龄雏鸡数目的百分比。现代雏鸡的成活率比较高,如其亲代健康,种蛋在孵化过程中一切正常,雏鸡的生活环境适宜,饲养管理符合要求,应该可达到以下水平,第1周死亡率不超过0.5%,第8周不超过2%,育成期满20周龄时成活率96%～97%。

(二) 体重

不同品种品系都有各自最适宜体重。雏鸡在生长期各周如增重适度,到育成期满一般可以达到最适宜的体重。因此,常以各周体重作为雏鸡生长发育标准,并作为检查饲养管理或控制体重的准绳。至8周龄时如体重不达标,可继续饲喂雏鸡料,直到其达到相应日龄的体重标准后方改为育成料。

(三) 健康

健康是指在生长期间不发生传染病,雏鸡食欲旺盛,精神活泼,反应灵敏,羽毛紧凑,骨骼结实。

（四）均匀度

鸡群中通常是体重接近平均值的个体产蛋性能最佳，体重过大与过小的均较差。从全群来说，体重接近平均值的个体所占的比例越大，则鸡群产蛋性能越好，产蛋峰值越高，且可长期持续高产。为此，常采取分群饲养和尽量使每只鸡获得适宜的生活条件等措施来达到此目的。由于体重接近平均值的个体多少对全群生产性能有显著的影响，因此，均匀度好坏是按体重在高于平均值10%到低于平均值10%这一范围内的个体所占比例来划分。对蛋鸡来说，如这个比例达到75%，即认为这群育成鸡发育良好，超过75%的越多越好。

第三节 育成鸡的饲养管理

育成阶段（9～20周龄）饲养管理的好坏，决定了鸡在性成熟后的体质、产蛋性能和种用价值，所以这段时间的饲养管理是十分重要的。育成鸡生长发育旺盛，抵抗力增强，疾病相对较少。

一、育成鸡的生理特点及生长发育

在一般情况下，雏鸡在4～6周龄已经脱温，对外界环境有较强的适应能力，生长迅速，发育也旺盛，各种器官已健全，育成阶段按绝对增重是长骨骼、长肌肉最多时期，羽毛经几次脱换后长出成羽，脂肪随日龄增加而逐渐沉积，育成的中、后期生殖系统开始发育成熟。

二、育成鸡饲养管理

（一）育成鸡的选择

在育成过程中应观察、称重，不符合标准的鸡应尽早淘汰，以免浪费饲料和人力，增加成本，一般初选在6～8周龄，选择羽毛紧凑，体质结实，采食力强，活泼好动雏鸡育成。第2次选择在18～20周龄，可结合转群或接种疫苗进行，有条件的应逐只或抽样称重,体重在平均体重10%以下的个体应予处理。

(二) 育成鸡的饲养

由于育雏期和育成期的饲养管理具有很强的连贯性,育成鸡的饲养方式,对环境条件及饲养密度的要求已在育雏的章节中讲述过了,在此不再赘述。

(三) 补喂沙砾和钙

1. 补喂沙砾 从7周龄开始,每周100只鸡应给予不溶性沙砾500克,装入吊桶或投入料槽。沙砾不仅能提高鸡的消化能力,而且避免肌胃逐渐缩小。

2. 补钙 蛋壳形成所需钙质75%来自日粮。如钙不足时母鸡利用骨骼中的钙,而造成缺钙,腿部瘫痪。所以,应将育成鸡料原含钙量由1%提高到2%,其中至少有1/2的钙以颗粒状石灰石或贝壳粒供给。如果这阶段钙供应不足将会造成鸡体重轻,蛋重小,产蛋率低。

第五章 产蛋期母鸡的饲养管理

产蛋期一般是从21周龄起计算到72周龄,也就是从育成期结束后到母鸡产蛋率降到50%左右淘汰母鸡这段时间,约一年。在国外,由于鸡种产蛋性能很高,饲养管理条件又好,产蛋期一般都延长至76周龄、78周龄、80周龄才开始淘汰。所以,当我们看广告材料时,不要先看母鸡产多少蛋,总蛋重是多少,重要的是看产蛋期是多长。72周龄的鸡产蛋肯定要比76周龄、78周龄、80周龄的鸡要少。注明产蛋期多长,主要是有利于互相比较。在实际生产中,产蛋期的长短,主要由母鸡的产蛋性能来决定。如果产蛋后期母鸡产蛋率低于50%,饲料价格高,蛋价又低,即使不到72周龄,也应淘汰,否则就要亏本。如果鸡舍空闲,蛋价又高,可以把停产的母鸡先淘汰,留下产蛋的鸡。鸡数虽少了,既省饲料,又不影响总收蛋数量,还有利可图。鸡数相同,50%产蛋率的老鸡可相当于产蛋率70%的新鸡产蛋的总重量。从生产的角度考虑,蛋鸡利用期的长短,要由经济核算的观点来决定。

一、饲养方式的选择

目前蛋鸡的饲养方式为笼养和平养两种。平养是传统的饲养方式,笼养则是现代化的集约管理方式。

平养方式又分地面平养和网上平养两种,后者比前者先进,饲养密度可以适当增加,鸡与粪便不接触,有利于防病,无需使用垫料,但需要网板的投资。

笼养蛋鸡有利于防病和管理,单位鸡舍面积的饲养数量可以大幅度增加,节地、省工。笼养鸡限制其活动,可以节省饲料消耗,只是一次性投资较高。

鸡种和饲料营养水平相同,笼养的蛋鸡,除一次性投资较高外,占地少,产蛋率和产蛋量高得多,耗料少,饲料报酬高。成本较低,纯收入高。这就是笼养方式能普遍推广的主要原因。除此之外,笼养鸡管理方便,一个人可以管理5000~10 000只鸡,劳动生产率大大提高。笼养鸡的死亡率、淘汰率较低,蛋壳较干净,破损率也较低。

从各方面因素分析来看,笼养蛋鸡是最佳的饲养方式。虽然购买鸡笼的一次性投资较高,但收回投资的时间较短。况且这一次性投资,一般可使用5~7年,甚至更长时间。

产蛋鸡笼的制作,有下列要求:使鸡有一定的活动空间,有足够的采食宽度;鸡笼底网有一定的弹性,以减少破蛋;底网有一定的倾斜角度($8°\sim10°$),以使产下的蛋能自动滚出笼外,进入集蛋槽内;底条间隙,纵向条间距为2.2~2.5厘米、横向条间距为5~6厘米,这样才能使鸡爪踩在底网上稳固,不会漏蛋,并能使蛋顺利滚出;笼条要耐腐蚀、强度好;鸡笼的后侧和两侧的隔网间隙的间距以3厘米为好,要防止鸡头钻到另一笼内,发生互啄。

产蛋鸡笼根据鸡舍条件适当安置,方式主要有以下几种:全重叠式,全阶梯式,半阶梯式,阶梯层叠综合式等。

生产鸡笼的厂家,一般都是料槽、水槽配套。水槽、料槽有金属的,也有塑料的。金属槽不易变形,但易生锈不耐腐蚀,使用寿命短。塑料槽耐腐蚀,容易洗刷,但易变形。

从节水、节电、减轻劳动强度、防止鸡病交叉感染等方面考虑,使用乳头饮水器比用水槽科学。

二、转群前的准备工作

产蛋鸡转群后要在鸡舍中饲养一年甚至更长时间。转群前几天必须把鸡舍地面、粪沟、墙壁、天花板、鸡笼用高压水彻底冲洗干净,冲洗前对电器应采取保护措施,防止造成电器损坏。供水、供电、通风设施、鸡笼、饲槽等要先行检修,鸡舍的防雨、保暖有问题要维修好，鼠洞要填堵，门窗玻璃安好，这些准备就绪以后，再彻底地熏蒸消毒。鸡群一旦进舍，再进行舍内的维修工作，不符合卫生防疫要求，更重要的是会造成鸡的应激，惊动鸡群，出现死伤，影响鸡的产蛋性能。

消毒好鸡舍以后，对供水、供电、供料系统进行检查，进入正常工作状态后才能转群。

转群前要对育成鸡的健康状况、发育水平有所了解。为使转群顺利，最好事先由育成鸡舍的管理人员，把病、弱、残鸡挑出。断喙效果不好的鸡，转群前重新断修一次。

按照免疫程序，准备好鸡新城疫、减蛋综合征等疫苗，待转群后能及时接种。争取开产之前 10 天完成各项免疫接种，防止开产后免疫对母鸡产蛋有影响。

三、转群及转群前后的饲养管理

准备好运鸡的工具并做好消毒工作，安排好转群人员。长距离运输转群，冬季选无风的晴天，夏季选无雨的早晚为宜。

虽然产蛋期从 21 周龄开始计算，但当代的高产商品产蛋鸡，只要育成期间饲养管理条件良好，育成鸡不发病，鸡群发育正常，有少数青年母鸡 18～19 周龄就开始见蛋。因此，在生产实践中，有的场在 18 周龄后就开始转群或入笼饲养。提前转群，主要是让鸡尽快熟悉和适应新的环境，形成新的群序，及时在产蛋期开始前做好疫苗免疫。母鸡开产后再转群，抓鸡和运输的应激，新环境中个体间的啄斗，会使已开产的母鸡中途停产，有些鸡造成卵黄落入腹腔，引起卵黄腹膜炎，增加死亡率。

转群前停食半日，但要给予充足的新鲜饮水。转群时一律捉鸡的双腿，严禁抓翅、颈、头，要注意轻抓轻放。产蛋鸡舍要事先备好料和水。往产蛋鸡笼装鸡时要注意大小、强弱分笼。转群时将病、弱、没有发展前途的鸡挑出来，淘汰掉。

四、产蛋鸡各阶段的饲养

育成鸡转入产蛋鸡舍，无论笼养或平养，总会打乱原来的群序。头几天不可避免地要引起个体间的争斗，鸡群处于关系紧张的高度应激状态。受欺负的个体总想逃走，于是出现撞笼的现象，有些鸡可能被笼卡住，吊脖、断翅等情况时有发生，体小的可能从笼中跑出。最好在入笼时把体形大小一致的调在一起。一般情况下，鸡群需要4～5天才能安定下来。

转群后1周内应力求保持育成期末的饲养管理制度。注意经常巡视检查，及时调整受欺、受伤的鸡。注意鸡是否都喝得到水，及时调整水槽的高度。平养的鸡要注意食槽和水槽数量是否足够。

蛋鸡产蛋期的阶段划分，大体上21～24周龄为产蛋前期，25～42周龄为产蛋中期，43～72周龄为产蛋后期。鸡群开始产第1个蛋的日期叫见蛋日龄，开始见蛋不等于大群开产，产蛋率达到50%时才能代表全群开产。因此把产蛋率达到50%的日期叫作全群开产日龄；产蛋率达到最高的那段时间叫产蛋高峰期。

(一) 产蛋前期的饲养管理要点

育成鸡转入产蛋鸡舍以后，这一时期是鸡发育的最重要时间，一方面要长身体，增加体重，一方面又要迅速发育生殖系统，为进入成年产蛋期作准备。开始见蛋以后产蛋率逐日增加，而且上升的很快，蛋重也一天比一天大。在这种情况下如果营养跟不上，不但延缓了鸡的发育而且使鸡的产蛋性能得不到充分地发挥，也就是说达不到应该达到的最高产蛋极限，高峰持续时间也短。

育成鸡转入产蛋鸡舍以后应开始饲喂产蛋前期饲料。日粮中的钙由1%增加到2%或仍用1%的钙加入2.5%的碎贝壳，使日粮总含钙量达到2%。

这一时期鸡的卵巢和第二性征（鸡冠、肉髯）发育很快，采食量显著增加，必须任其自由采食，以满足其营养需要。

目前在给产蛋鸡喂料上有两种方法，一种是在鸡开产以后随着产蛋率的上升而确定给饲营养水平，即当产蛋率上升一个台阶以后，饲料营养水平才跟上来，也就是说饲料的营养水平是追着产蛋率的后边跑的；另一种方法是当鸡产蛋率达到5％～10％时，就开始饲喂产蛋高峰期的饲料，饲料营养水平走在产蛋率前边，也就是预付饲料，这样有利于将产蛋高峰促上去，不至于因饲料营养水平不够而使鸡不能达到最高的产蛋能力。

（二）产蛋中期的饲养管理要点

在正常的饲养管理条件下，160～170日龄的鸡群产蛋率应达到50％，这一时期产蛋率上升很快，一天一个样，再经过3～4周即可达到产蛋高峰期。产蛋高峰期是鸡产蛋的黄金时期，要加强饲养管理，使其充分地发挥遗传潜力，达到理想的产蛋水平。当今优良品种的产蛋鸡，在良好的饲养管理条件下，80％以上的产蛋率可维持20周至25周或更长的时间，达到90％以上的产蛋率可维持10周左右。从鸡的生理角度上讲，过了产蛋高峰期，喂再多的优质饲料也下不了那么多蛋了。产蛋高峰期要避免一切应激因素，除本鸡舍的饲养员外，其他人员不准进入鸡舍。饲养员的衣着每天都要同一颜色，换装换色也容易引起惊群。不能断料、断水、断电，舍温不能过高过低，要无噪声，这段时间不要接种疫苗，饲料要全价、稳定，不可轻易改变。产蛋高峰期的产蛋鸡特别神经质，出现干扰必将影响产蛋，甚至难以恢复，会给鸡场带来巨大的经济损失。

（三）产蛋后期的饲养管理要点

产蛋鸡经过一段高峰产蛋期后，随着日龄的增长，产蛋功能逐渐衰减，产蛋率缓缓下降，这时要根据产蛋率的下降情况，适当调整料号减少蛋白质的喂量。产蛋率一下子下降太快也不是正常现象，要查找原因，予以克服。

加拿大圭尔夫大学建议是：产蛋率85％以上，每天每只鸡蛋白质进食量为18克，当产蛋率降至80％～75％时，每天每只鸡蛋白质喂量减至16克，产蛋率降至70％～65％时，每天每只鸡只喂14克蛋白质。加拿大雪佛公司的阶段饲养法是：第一阶段蛋白质日给量每鸡17～18克，高峰的顶峰阶段达19克，高峰过后分别降至 16 和 15 克。只要日粮中各种氨基酸平衡，粗蛋白质降低 1% 对鸡的产蛋性能无大影响。

夏季天热，鸡食欲差，采食量减少；冬季天冷，维持营养需要增加，鸡采食量增多。冬夏相比，一日采食量甚至相差 20～30 克，因此在配制产蛋鸡饲料时应注意以下两点：冬季要提高饲料的代谢能水平，这样才能保持产蛋率不至于下降。夏季由于采食量减少，要提高饲料中的蛋白质水平，这样才能满足对蛋白质的需要，不致由于蛋白质不够而影响产蛋率。

五、产蛋鸡的光照管理

光照管理是提高产蛋鸡产蛋性能必不可少的重要管理技术之一。当鸡长到 20 周龄以后，光线透过眼睛刺激脑下垂体增加分泌荷尔蒙—促黄体激素能力，从而作用于生殖系统使性功能的生殖活动加强，大大加速了卵子的成熟，使产蛋增加。因为光照的长短与母鸡的产蛋生理有关。增加光照能刺激性激素分泌而增加产蛋。缩短光照，抑制性激素的分泌，也就抑制了排卵和产蛋。产蛋鸡对光照很敏感。采用正确的光照，才能收到良好的产蛋效果；过早开产、蛋重小、发生啄癖等现象，在很大程度上都与光照管理不当有关。

产蛋阶段光照只能增加而不可缩短，保证产蛋所需的光照时间不能少于 12 小时，最长不超过 16 小时。新近研究者通过对产蛋鸡蛋壳钙化过程的研究表明，过长时间的光照会增加蛋的破损率。近来对光照建议方案中，已把商品鸡的最长光照时间从过去的 17～18 小时缩短到 14～16 小时。

产蛋期增加光照以每周 15 分钟或每两周半小时的增长速率为好，直到 14～16 小时为止。

光照长度比照明亮度重要，照明亮度对鸡的生长和性成熟关系不大，但可防止产生啄癖和对密闭鸡舍中饲养员工作有利。产蛋期间每平方米面积有 3～4 瓦的照度即可，照明度要均匀，不要有看不见的地方，不可突然增加光照强度，这样容易惊群。特别是当鸡处于产蛋高峰阶段，绝对禁止在鸡舍内打闪光灯进行拍照，否则第二天产蛋率就可能下来，并增加软蛋和破蛋。至于光的颜色，具有长波的红光对生殖腺的刺激效果最好，其次是白光，具有短波的蓝色光对鸡的刺激起副作用。一般在生产中使用白炽灯或日光灯作光源。从节能的角度出发，英国绝大多数鸡场用日光灯，而且日光灯直射天花板，再反射到地面，光线十分柔和，鸡很安静。灯具要定期清擦尘土，保持干净，最好用电动定时开关器，自动控制照明时间。

当光照长度达到14~16小时后，开灯与关灯的时间要固定，不可随意变动，以防鸡产生应激现象。平养的鸡在关灯时，应在15~20分钟内逐渐部分关灯，减弱亮度，给鸡一个信号，以使鸡找到适当的栖息位置。

密闭鸡舍，可以人为控制光照，鸡能充分发挥其产蛋遗传潜力。密闭式鸡舍的鸡产蛋量较高，这是主要原因之一。

开放式鸡舍养鸡，受自然日照长短变化的影响。随着季节和纬度不同，一年不同日期的自然光照时间长短不一样，所以在制定光照管理方案时，应根据出雏的时间，采用不同的光照管理方案。我国位于北半球，绝大部分地区位于北纬20°~45°之间。从夏至到冬至又逐渐缩短，冬至（12月22日前后）日照时间最短。4~8月间孵出的雏鸡，生长后期处于日照渐短或较短时期，可以完全利用自然光照，开放式鸡舍利用此期间育雏为好。秋冬雏（9至次年3月），生长阶段后期，处于日照渐长或较长时期，此期间育雏，如完全利用自然光照，就会刺激母雏性器官加速发育，使之早熟早衰。为防止这种情况，从出雏之日算起，根据当地日出日没时间，查出20周龄时的日照时数（如为13个小时），此光照时间一直保持到20周龄，之后每周增加半小时到一小时，至达到产蛋期光照时数为止。采用此光照制度要注意育成期中每天光照时数不可减少。

不管采用何种光照制度，夜间必须有8小时连续黑暗，以保证鸡体得到生理恢复过程，免得过度疲劳。

六、产蛋鸡的钙质补充

为使母鸡高产和降低蛋的破损率，产蛋期应检查钙的供应情况。饲料是决定蛋壳质量和蛋壳强度的主要因素。试验证明，开产前半个月母鸡骨骼中钙的沉积加强。因此从4月龄起至达到5%产蛋率时，应给母鸡喂含钙量较高的配合料。现在普遍认为，产蛋鸡日粮中含钙量3.2%~3.5%是最佳水平，而在高温或产蛋率高（75%~80%）的情况下，含钙量可加到3.6%~3.8%，短期内加到4%能使蛋壳变厚，但进一步提高对产蛋不利，也不能改善蛋壳质量。饲料中钙不足会促进吃料，结果饲料消耗过多，母鸡体重增加，肝中脂肪沉积多；饲料中钙含量超饱和状态，会使鸡的食欲减退。地面平养时，可在鸡舍内放几个专装沙砾和碎贝壳的饲槽，任鸡自由采食。

一般情况下，母鸡骨骼中有足够形成几个蛋所需的钙贮备，当从饲料中得不到足够的钙时，蛋壳就会变差，产软蛋或无壳蛋，甚至母鸡瘫痪。骨骼中的钙被动用来形成蛋壳的时间越长，蛋壳强度就越差。

夜间形成蛋壳期间母鸡感到缺钙。光照期间前半天鸡摄食的钙经消化道，在小肠中被吸收进入血液，沉积在骨骼中，然后在必需时动用以形成蛋壳。只有后半天摄食的钙，才被直接用于形成蛋壳。因此，最好在12~20点给母鸡补喂钙，让母鸡自由吃钙时，它们能自行调节钙量。例如，在蛋壳形成期间，吃钙量为正常情况下的92%，而在非形成期间吃钙量只有68%。体重较轻，吃料又少的母鸡，应多喂一些钙。

普遍采用贝壳和石粉作钙源，日粮中贝壳和石粉为2∶1的情况下，蛋壳强度最好。鸡对动物性钙源吸收最好。植物性钙源吸取较差。经过高温消毒的蛋壳是最好的钙源。

在杂交鸡的试验中，当61周龄的鸡破壳蛋率达3.5%时，在下午补加饲料总量2%的粒状贝壳粉，破蛋率明显减少，蛋壳光滑，到72周龄时平均破蛋率仅为1.59%，收到了良好的效果。

钙、磷和维生素D_3的含量比例对蛋壳强度有影响。钙3%～3.5%，磷0.45%最佳，而维生素D_3的标准为维生素A标准的10～12倍最好。钙决定蛋壳的脆性，磷决定蛋壳的弹性。维生素D_3缺乏会破坏钙的体内平衡，结果形成蛋壳有缺陷的蛋。一般在下午14～17点所产蛋的蛋壳质量都很好，主要跟产蛋间隔时间延长，鸡得到足够的钙补充有关。

七、产蛋鸡的四季管理

温度是鸡饲养管理上重要的环境因素之一，因为温度对鸡生理有多方面的影响。保持鸡舍最适宜的温度，是保持产蛋率平稳和节省饲料所必需的。鸡对温度有一定适应能力，认为在13℃～25℃范围内不致影响产蛋性能。从节省饲料的角度看，以20℃～25℃为宜，20℃时产蛋率最佳。15℃以下每降低1℃，产蛋率下降1.5%，25℃以上温度对产蛋量有影响。例如，把21℃时蛋重作为100%，26℃时就降为99.1%，32℃时为96.6%，37.7℃时为86.6%。26℃以上蛋壳变薄，30℃以上破蛋率明显增加。

鸡对温度虽有顺应能力，但突然升温和持续上升超过最适温度的上限会使鸡中暑；相反，寒流突然袭击也会使产蛋率下降、休产甚至换羽。昼夜有一定温差对产蛋有利，南方鸡的产蛋量没有北方高，在一定程度上与温度有关。

为了提高鸡产蛋率，维持产蛋曲线平稳，要根据四季气候的变化，采取相应的管理措施。产蛋期间，特别是产蛋高峰期，环境条件急剧变化或饲料管理上造成失误，会导致产蛋率下降。产蛋率一旦降低，要使其恢复至原有水平是较难的，至少要经过2～3周以上时间才能接近降低前的水平。

第六章 蛋用种鸡的饲养管理

饲养种鸡是为了尽可能多地获取高受精率和高孵化率的合格种蛋,以便由每只种母鸡提供更多的健壮初生母雏。因此,除了优良的品种外,良好的饲养管理是关键,不仅取决于产蛋期的饲养管理,也在很大程度上取决于育雏期和育成期的饲养管理。

第一节 蛋用种鸡的饲养管理

一、育雏期和育成期的饲养管理

蛋用种鸡与商品蛋鸡的育雏、育成方法基本相同,在此主要介绍与商品蛋鸡的不同之处。

(一)饲养方式

有地面平养、离地网上平养和笼养(0~8周龄为育雏期,多采用四层重叠式育雏笼;8~20周龄为育成期,可采用两层或三层育成笼)等方式。根据实践经验,为便于防疫注射和管理,建议采用离地网上平养和笼养。

(二)饲养密度

种鸡的饲养密度比商品鸡小,合理的饲养密度,有利于雏鸡正常发育,也有利于提高鸡群的均匀度和成活率。应随日龄增加降低饲养密度,在育雏期内,可在断喙、接种疫苗的同时,调整鸡群的饲养密度,并强弱分群饲养。

(三)环境控制

为培育出健壮合格的种用后备鸡,除要求按常规标准控制好育雏、育成鸡舍的湿度、温度、通风和空气质量外,应强调的是卫生消毒工作，特别是转群前和转群后的鸡舍一定要彻底消毒，对种鸡场来说，有条件的，鸡舍消毒后，要做消毒效果测定。不具备条件者，至少要消毒 3 次，力求彻底，对场区的消毒要定期进行。此外，从进雏的第 2 天起，就要进行带鸡消毒。一般要求育雏阶段每周 2 次或隔日 1 次，育成阶段每周 1 次，使鸡始终生活在比较干净的环境之中。

（四）光照管理

光照方案的制订和光照方法可参照第四章第四节。

（五）营养需要与饲料配方

蛋用种鸡生长期的营养需要、饲料配方和饲喂方式等与商品蛋鸡的基本相同。在实际生产中，在鸡的饲养管理上，往往把精力集中在产蛋期，而忽视了后备鸡培育这一关键时期。故应强调后备鸡的质量与开产是否适时和整齐、产蛋高峰上得快慢、上得高低和高峰持续期维持的长短以及蛋重大小等都有着非常密切的关系。对后备种鸡的要求是体重适宜并整齐度好，"上笼"合格率高，骨骼坚实，肌肉发达，体格健壮。种鸡的育雏、育成期的营养水平和维生素、微量元素的添加量可参考饲养标准及各个品种的营养要求。

（六）体重标准

高产品系鸡种均有其能最大限度发挥遗传潜力的各周龄的标准体重。蛋鸡的标准体重是产蛋最适宜的体重，它与肉鸡肥育的所谓标准体重，概念是完全不同的。绝不是在自由采食状态下，最佳管理所能达到的体重，而是通过科学的精细的饲喂并及时调控等综合技术措施下达到的体重。从开食到淘汰，鸡的任何周龄都存在最适宜的体重问题。从这个角度看，特别是对于在育成期和性成熟时，合适体重的重要性，无论怎样强调也不算过分。必须经常调整饲料和饲喂方法，保持母鸡适宜的体重。

二、产蛋期的饲养管理

（一）饲养方式

有地面平养（垫料）、网上平养、笼养和种鸡小群笼养 4 种方式。

1. 地面平养（垫料） 种鸡养在地面垫料上，自然交配繁殖每 5 只母鸡配备一个产蛋箱。饮水设备采用大型塔式饮水器或在鸡舍两侧安装水槽。喂料采用吊式料桶或料槽，机械喂料可用锄式料槽、弹簧式料盘、塞索管式料盘等。

2. 网上平养 种鸡养在离地约 60 厘米的铁丝网或竹条板上，自然交配繁殖。饮水及喂料设备与地面平养方式相同。

3. 笼养人工授精 种母鸡养在产蛋鸡笼中，种公鸡养在种公鸡笼里，采用人工授精方式获取种蛋。这种方式是现在种鸡场采用最多的饲养方式。

4. 种鸡小群笼养 笼长 3.9 米，宽 1.94 米，养 80 只母鸡或 89 只公鸡。采用自然交配方式。种蛋从斜面底网滚出到笼外两侧的集蛋处，不必配备产蛋箱。

（二）环境控制和光照管理

基本与商品蛋鸡的要求相同。

（三）饲喂及饲粮营养标准

可参考国内外的饲养标准或该品种的饲养手册。随时对照鸡的体重标准，尽量达到该品种鸡的体重等各项标准。

第二节 种公鸡的饲养管理

种公鸡的饲养管理应该和种母鸡一样受到重视，其重要性是不言而喻的，尤其在种鸡笼养方式和人工授精技术普遍应用。因此，对种公鸡的饲养、营养和选择培育等方面已有许多研究报道。

一、公鸡的选择与培育

（一）公鸡的选择

1. 第 1 次选择 6～8 周龄时选留个体发育良好、冠髯大而鲜红者，淘汰外貌有缺陷，如胸骨、腿部和喙弯曲、嗉囊大而下垂者和胸部有囊肿者。淘汰体重过轻和雌雄鉴别误差的公鸡，选留比例 1∶15（公∶母）。

2. 第2次选择　18～20周龄开始，选留体重符合品系标准的，发育良好，腹部柔软，按摩时有性反应（如翻肛、交配器勃起和排精）的公鸡，这类公鸡可望以后有较好的生活力和繁殖力，主要根据精液品质和体重选留，选留公母比例为1：(25～30)。

（二）小公鸡的培育

6～8周龄前公母雏混群平养或笼养，9～17周龄应公母分开，有条件者最好平养，以锻炼公鸡的体质。笼养时应特别注意密度不能大。在此期间应严格按照品种要求饲养管理，每周称重，根据体重调整饲养。17～18周龄转入单笼饲养。光照在9～17周龄期间可每天恒定在8小时，到育成后期每周增加30分钟直至12～14小时。

（三）小公鸡营养水平

代谢能11.35～12.5兆焦/千克，蛋白质：育雏期16%～18%，育成期12%～14%，能满足生长期需要。

二、繁殖期种公鸡的营养水平

目前，国内用于人工授精的种公鸡，多使用种母鸡的饲料。由于对育成期公鸡的培育不够重视，往往到配种时，精液品质不能满足需要时，盲目添加大量的蛋白质饲料，如加喂鸡蛋、奶粉、鱼粉等，结果适得其反，造成浪费。过量的蛋白质，易造成公鸡血液中酮体急剧增加，出现酸中毒的倾向，消耗过多血液中的碱性物质，并由于酸中毒而破坏钙、磷代谢，出现软骨病以及"痛风"等症状，从而降低精液品质和受精能力。繁殖期种公鸡营养水平如下：

（一）公鸡对能量和蛋白质的需要量

研究表明，繁殖期种公鸡的营养需要量比种母鸡低。建议采用12%～14%的蛋白质饲料，氨基酸平衡的不需要加任何动物性蛋白质饲料。

（二）对钙、磷的需要量

据报道，繁殖期种公鸡饲喂含钙量1.0%～3.7%，含磷

0.65%～0.8%的饲料没有不良影响。在实践中的钙用量为1.5%。

（三）对维生素的需要量

目前各育种公司和饲料公司所制定的种鸡维生素需要量均高于种母鸡标准，建议繁殖期种公鸡的维生素用量范围如下：每千克饲料中维生素 A 10 000～20 000 IU，维生素 D32 000～3850IU，维生素 E 20～40 毫克，维生素 C 0.05～0.15 克。

三、种公鸡的管理

（一）单笼饲养

繁殖期人工授精种公鸡必须单笼饲养。一笼两只或群养由于应激，如公鸡相互爬跨、格斗等往往影响精液品质。试验证明，单笼饲养的种公鸡其采精量大，精子密度、体重、采精成功率、精液清洁度和公鸡存活率等，均高于一笼饲养两只。

（二）温度与光照

成年公鸡在 20℃～25℃环境下，可产生理想的精液。温度高于 30℃，暂时抑制精子产生；而温度低于 5℃时，公鸡性活动降低。12～14 小时光照时间公鸡可产生优质精液，少于 9 小时光照则精液品质明显下降。光照强度在 10 勒克斯就可维持公鸡的正常繁殖性能。

（三）体重检查

为保证繁殖期公鸡的健康和产生优质精液，应每月检查体重 1 次，凡体重降低量在 100 克以上的公鸡，应暂停采精或延长采精间隔，并另行饲养。

第三节　种蛋的管理

一、种蛋的选择

优良种鸡所产的蛋并不全部是合格种蛋，必须严格选择。选择时首先注意种蛋来源，其次是选择方法。

（一）种蛋来源

种蛋应来自生产性能高、无经蛋传播的疾病、受精率高、饲喂营养全面的饲料、管理良好的鸡群，受精率在85%～90%以上。如果需要外购，应先调查种蛋来源的种鸡健康状况和饲养管理水平，签订供应种蛋的合同，并协助种鸡场搞好饲养管理和疫病防治工作，以确保孵化种蛋质量。

（二）种蛋的选择

主要从外观、照蛋透视和剖视检查3个方面着手。

1. 外观

（1）清洁度　合格种蛋的蛋壳上，不应该被粪便所污染。用脏蛋入孵，不仅孵化率很低，而且污染了正常种蛋和孵化器，增加腐败蛋和死胚蛋，导致孵化率降低和雏鸡质量下降。轻度污染的种蛋可以入孵，但要认真消毒。

（2）蛋重　蛋重过大或太小都影响孵化率和雏鸡质量。一般要求蛋用种蛋为50～65克，65克以上或49克以下种蛋，孵化率均较低。

（3）蛋形　合格种蛋应为卵圆形，剔除细长、短圆、橄榄形（两头尖）等形状的不合格蛋。

（4）壳厚　蛋壳过厚的钢皮蛋，过薄的沙皮蛋和蛋壳厚薄不均的皱纹蛋，均应剔除。蛋壳过厚，孵化时蛋内水分蒸发过慢，出雏困难；蛋壳过薄，蛋内水分蒸发过快，对胚胎发育不利。可通过外观或透视来检查蛋壳的厚薄。

（5）蛋壳颜色　蛋壳颜色应符合品种的要求。

2. 照蛋透视　是挑选出裂纹蛋，气室破裂、气室不正、气室过大的陈蛋以及血斑蛋。方法是用照蛋灯，在灯光下观察。蛋黄上浮，多系运输过程中受震引起系带断裂或种蛋保存时间过长；蛋黄沉散，系运输中受剧烈震动或细菌侵入，引起卵黄膜破裂；裂纹蛋，可见树枝状亮纹；沙皮蛋，可见很多亮点；血斑、肉斑蛋，可见白点或黑点，转蛋时随之移动；钢皮蛋，可见蛋壳透明度降低，蛋色暗。

3. 剖视检查　多用于外购种蛋抽样检查。将蛋打开倒在衬有黑纸的玻璃板上，观察新鲜程度及有无血斑、肉斑。新鲜蛋，蛋白浓厚，蛋黄高突；陈蛋，蛋白稀薄如水，蛋黄扁平甚至散黄。一般用肉眼观察即可。

（三）种蛋选择的场所

一般在鸡舍里选择即可，在捡蛋过程和捡蛋完毕后，将明显不符合孵化用的蛋从蛋托上挑出，这样既减少了污染，又提高了工效。蛋破损率不高时，入孵前不再进行选择，若破损较多，可在孵化前再进行一次选择。

二、种蛋保存

种蛋如果保存不当，会导致孵化率下降，甚至造成无法孵化的后果。因为受精蛋的胚胎，在蛋的形成过程中已开始发育，因此，种蛋产出至入孵前，要注意保存温度、湿度和时间。

（一）适宜温度

蛋产出母体外，胚胎发育暂时停止，随后，在一定的外界环境下又开始发育。当环境温度偏高，但不是胚胎发育的适宜温度（37.8℃）时，则胚胎发育是不完全的和不稳定的，容易早期死亡。当环境温度长时间偏低时（如0℃），胚胎发育处于静止状态，胚胎活力严重下降，甚至死亡。鸡的胚胎发育的临界温度是23.9℃，即当环境温度低于23.9℃时，鸡胚胎发育处于休眠状态。一般在生产中保存种蛋的温度比临界温度低，因为温度过高，给蛋内的各种酶的活动以及残余细菌的繁殖创造了有利条件。为了抑制酶的活性和细菌繁殖，种蛋的保存的适宜温度应为13℃～18℃。保存时间短，采用温度的上限，时间长，则采用下限。

此外，刚产出的种蛋，应该逐渐降到保存温度，避免温度骤降损伤鸡胚的活力，一般降温过程以12～24小时为宜，将种蛋保存在透气性较好的瓦楞纸箱里，对降温是合适的。但如果多层堆放，则应在纸箱的侧壁上开一些直径约1.5厘米的通气孔，并使每排留有缝隙，以利空气流通。切勿将种蛋存放在敞开的蛋托上，因空气流通过大，种蛋降温过快，会造成孵化率下降。如种蛋不能装箱保存，可在蛋托上覆盖无毒塑料薄膜，以防止空气过分流通。保存时间在1周内钝头向上，超过1周的锐端向上。

（二）适宜相对湿度

种蛋保存期间，蛋内水分通过气孔不断蒸发，其速度与贮存室的湿度成反比。为了尽量减少蛋内水分蒸发，必须提高贮存室里的湿度，一般相对湿度保持在75%～80%。这样既能明显降低蛋内水分的蒸发，又可防止真菌滋生。

（三）种蛋贮存室的要求

环境温、湿度是多变的。为保证种蛋保存的适宜温、湿度须建种蛋库。其要求是：隔热性能好，清洁卫生，防尘沙，杜绝蚊蝇和老鼠，不让阳光直射和穿堂风（间隙风）直接吹到种蛋上。

小孵化场或孵化专业户，孵化量小，一般将种蛋保存在改建的旧菜窖和地窖中。将地面夯实或铺砖，四壁用麦秸或稻草泥抹平、填缝，墙壁用石灰水刷白，堵塞鼠洞（用灭鼠药和玻璃碴填入鼠洞，外用泥糊平）。门窗要密封，门外挂棉帘或稻草帘，顶上有1～2个出气孔，孔口安纱网。此外，种蛋库不要存放农药和其他杂物。在地下水位高的地方，要防止湿度过大造成鸡蛋发霉。资金比较雄厚、全年孵化的孵化场（户）必须建立种蛋库。种蛋库一般无窗，四壁用保温砖砌成，天花板距地面约2米，顶棚铺保温材料（如珍珠岩粉），门厚5厘米，夹层用保温材料填充，墙上安装窗式空调机，以调节库内温度。

（四）保存时间

种蛋即使保存在适宜的环境下，孵化率也会随着保存时间的延长而降低。因为随着保存时间的延长，蛋白杀菌的特性下降，蛋内水分蒸发较多，改变了蛋内的pH值，引起系带和蛋黄膜变脆，由于蛋内各种酶的活动，引起胚胎衰弱及营养物质变性，降低了胚胎生活力，残余细菌繁殖也会危害鸡的胚胎。

有空调设备的种蛋贮存室，种蛋保存 2 周以内，孵化率下降幅度小，2 周以上，孵化率下降比较明显；3 周以上，孵化率急剧降低。一般种蛋保存以 5～7 天为宜，不要超过 2 周。如果没有适宜的保存条件，应缩短保存时间。温度在 25℃以上，种蛋保存最多不超过 5 天。温度超过 30℃时，种蛋应在 3 天内入孵。原则上天气凉爽时，种蛋保存时间可以长些。

三、种蛋的消毒

蛋产出母体时会被泄殖腔排泄物污染，接触到产蛋箱垫料和粪便时会使污染加重，因此蛋壳上附着很多细菌。细菌数量增加迅速，如蛋刚产出时，细菌数 100～300，15 分钟后为 500～600，1 小时后达到 4000～5000，并且有些细菌通过蛋壳上气孔进入蛋内。细菌繁殖速度随蛋的清洁度、气温高低和湿度大小而异。虽然种蛋有胶质层、蛋壳和内外壳膜等几道自然屏障，但它们都不具备抗菌性能，所以细菌仍可进入蛋内，这对孵化率与雏鸡质量都构成严重威胁。因此，必须对种蛋进行认真消毒。

（一）消毒时间

从理论上讲，最好在蛋产出后立刻消毒，这样可以消灭附在蛋壳上的绝大部分细菌，防止其侵入蛋内，但在生产实践中无法做到。比较切实可行的办法是每次捡蛋完毕，立刻在鸡舍里的消毒室或孵化场消毒。种蛋入孵后，应在孵化器里进行第 2 次消毒。

（二）消毒方法

1. 甲醛熏蒸法　消毒效果好，操作简便，对清洁度较差或外购的种蛋，每立方米用 42 毫升甲醛加 21 克高锰酸钾，在温度 20℃～26℃，相对湿度 60%～75% 的条件下，密闭熏蒸 20 分钟，可杀死蛋壳上 95%～98.5% 的病原体。为了节省用药量，可在蛋盘上罩塑料薄膜，以缩小空间。在入孵器里进行第 2 次消毒时，每立方米甲醛 28 毫升、高锰酸钾 14 克，熏蒸 20 分钟。消毒时须注意：种蛋在孵化器里，应避开 24～96 小时胚龄的胚蛋；甲醛与高锰酸钾的化学反应很剧烈，甲醛本身也有腐蚀性，注意不要伤及皮肤和眼睛；种蛋从贮存室取出或从鸡舍送孵化室消毒室后，在蛋壳上会凝有水珠，应让水珠蒸发后再消毒，否则对胚胎有害；甲醛溶液挥发性很强，要随用随取。

2. 过氧乙酸熏蒸法　过氧乙酸是一种高效、快速、广谱消毒剂。消毒种蛋时，每立方米用16%的过氧乙酸40～60毫升，加高锰酸钾4～6克，熏蒸15分钟。但须注意：它遇热不稳定，应在低温下保存；如40%以上的浓度，加热50℃易引起爆炸；它是无色透明液体，腐蚀性很强，不要接触衣服、皮肤，消毒时用陶瓷盆或搪瓷盆，现配现用，稀释液保存不要超过3天。

3. 新洁尔灭浸泡消毒法　用含5%的新洁尔灭原液加50倍水，即配成1∶1000的稀释液，将种蛋浸泡3分钟（水温43℃～50℃）。

4. 碘液浸泡消毒法　将种蛋浸入1∶1000的碘溶液（10克碘片+15克碘化钾+1000毫升水，溶解后倒入9000毫升清水）0.5～1分钟。浸泡10次后，溶液浓度下降，可延长消毒时间至1.5分钟或更换药液。溶液温度43℃～50℃。

种蛋保存前不能采用溶液浸泡法消毒，因为会破坏壳胶膜，加快蛋内水分蒸发，使细菌容易进入蛋内，故仅在入孵前消毒。

四、种蛋的运输

种蛋装箱运输前，必须先进行选择，剔除不合格蛋，尤其是破蛋和裂纹蛋。种蛋包装可用纸箱，蛋托最好用纸质蛋托，而不用塑料蛋托。每个蛋托放蛋30枚，每箱10托，最上层还应放一层不装蛋的蛋托。蛋托间也可用瓦楞纸板隔开。为防止种蛋晃动，每层撒一些垫料（如干燥的锯末、谷糠或切碎的麦秸等）。种蛋箱外面应注明"种蛋""防震""勿倒置""易碎""防雨淋"等字样或标记。无论哪种包装方法都应保持种蛋大头向上。运输时，要求快速平稳，防止日晒雨淋，冬天注意防冻。

第七章 常见鸡病的防治

第一节 病毒性疾病

一、马立克氏病

马立克氏病,是由 B 群疱疹病毒引起的鸡淋巴组织增生性肿瘤病。其特征是外周神经、性腺、虹膜、各内脏器官、肌肉和皮肤等发生淋巴样细胞增生,形成肿瘤性病灶。

(一)流行病学

本病的易感动物是鸡,火鸡、山鸡也能感染发病,哺乳动物不感染。病鸡和带毒鸡是本病的传染源,感染鸡的羽毛囊上皮中有囊膜的病毒粒子可脱离细胞而存在,附着在皮屑上的病毒对外界的抵抗力很强,常能随空气流动到处传播而污染环境。马立克氏病病毒对初生雏鸡的易感性最高,1 日龄雏鸡的易感性比成年鸡大 1000～10 000 倍,比 50 日龄雏鸡的易感性大 12 倍。母鸡的发病率比公鸡高。不同病毒株毒力差异很大。本病具有高度接触传染性,直接或间接接触都可传染。病毒主要随空气经呼吸道进入体内,其次是消化道。病毒进入机体后,首先在淋巴系统,特别是法氏囊和胸腺细胞中增殖,然后在肾脏、毛囊和其他器官的上皮中增殖,同时出现病毒血症。因此,病毒一旦侵入易感鸡群,其感染率几乎可达 100%,但发病率却差异很大,可从百分之几到 70%～80%,发病鸡都以死亡为转归,只有极少数鸡能康复。

(二)临床症状

本病是一种肿瘤性疾病,从感染到发病有较长的潜伏期。1

日龄雏鸡接种后第 2 或 3 周开始排毒，第 3～4 周出现症状及眼观病变，这是最短的潜伏期。病毒毒株、剂量，鸡的年龄及品种等因素与潜伏期长短有很大关系。马立克氏病多发于 2～3 月龄鸡，但 1～18 周龄鸡均可感染。因病变发生部位及临床症状不同，可分为内脏型、神经型、眼型和皮肤型，其中以内脏型发病率最高。

1. 内脏型　常见于 50～70 日龄，病鸡精神萎靡，行动迟缓，羽毛蓬乱无光泽，常缩颈蹲在墙角下。病鸡脸色苍白，常排绿色稀便，消瘦。但病鸡多有食欲，往往发病 15 天左右死亡。

2. 神经型　由于病变部位的不同，症状有很大区别。当支配腿部运动的坐骨神经受到侵害时，病鸡开始只见走路不稳，逐渐看到一侧或两侧腿麻痹，严重时瘫痪不起。典型症状是一腿向前伸，一腿向后伸的"大劈叉"姿势。病侧肌肉萎缩，有凉感，爪子多弯曲。当支配翅膀的臂神经受侵害时，病侧翅膀松弛无力，有时下垂，如穿"大褂"。当颈部神经受侵害时，病鸡的脖子常斜向一侧，有时见大嗉囊，病鸡蹲在一处呈无声张口气喘的症状。

3. 眼型　在病鸡群中很少见到，一旦出现则表现病鸡一侧或两侧眼睛失明，病鸡瞳孔缩小，瞳孔边缘不整齐呈锯齿状，虹彩消失，眼球如鱼眼呈灰白色。

4. 皮肤型　较少见，往往在病鸡褪毛后可见体表的毛囊腔形成的结节及小的肿瘤状物。在颈部、翅部、大腿外侧较为多见。肿瘤呈灰黄色，突出于皮肤表面，有时破溃。

另外，在临床上我们发现另一种类型的马立克氏病，病鸡消瘦，内脏器官萎缩，但无肉眼可见的肿瘤变化。通常称之为衰竭型。

（三）病理变化

内脏型病鸡的肿瘤多发于肝脏、腺胃、心脏、卵巢、肺脏、肌肉、脾脏、肾脏，其中以肝脏、腺胃的肿瘤发病率最高。

1. 肝脏　肿大、质脆，有时为弥漫性的肿瘤，有时见粟粒大小至黄豆大小的灰白色肿瘤，几个至几十个不等。这些肿瘤质地坚韧，稍突起于肝表面，有时肝脏上的肿瘤如鸡蛋黄大小。

2. 腺胃　肿大、增厚，质地坚实，浆膜苍白，切开后可见黏膜出血或溃疡。

3. 心脏　在心外膜见黄白色肿瘤，常突起于心肌表面，米粒大至黄豆大。

4. 卵巢　肿大4～10倍不等，呈菜花状。

5. 肺脏　在一侧或两侧见灰白色肿瘤，肺脏呈针尖大小或米粒大小的肿瘤结节。

6. 肌肉　肌肉的肿瘤多发于胸肌，呈白色条纹状。

7. 神经型病变　多见于坐骨神经、臂神经、迷走神经肿大，神经表面光亮，粗细不均，银白色纹理消失，神经周围的组织水肿。

（四）诊断

根据病鸡的典型症状、流行特点及病理剖检变化进行综合分析，可做出初步诊断。

内脏型马立克氏病应与鸡淋巴性白血病进行鉴别，二者眼观变化很相似，其主要区别是马立克氏病常侵害外周神经，且法氏囊被侵害时常见结节性肿瘤。

（五）防治

本病目前尚无有效的药物治疗，只有采取综合性的防治措施，才能减少本病造成的损失，预防的主要措施有以下几点：

（1）加强养鸡环境卫生与消毒工作；

（2）加强饲养管理，改善鸡群的生活条件，增强鸡体的抵抗力；

（3）坚持自繁自养，防止因购入鸡苗的同时将病毒带入鸡舍；

（4）防止应激因素和预防能引起免疫抑制疾病的感染；

(5) 对发生本病的处理要做到及时有效的清洁消毒。

二、鸡新城疫

鸡新城疫，俗称鸡瘟，是由鸡新城疫病毒引起的以呼吸困难、下痢、神经症状、黏膜和浆膜出血、出血性纤维素性坏死性肠炎为主要特征的急性高度接触性传染病。本病分布广泛，对养鸡业的危害尤为严重。

（一）流行特点

本病不分品种、年龄和性别，均可发生。不同新城疫毒株所致疾病的严重程度有很大差异。2年以上老鸡的易感性较低，幼龄鸡的易感性较高。一般情况下，鸡的日龄越小，发病越急。本病可发生在任何季节，但以春秋两季多发，夏季较少。新城疫自然感染的潜伏期是3～5天。

病鸡是本病的主要传染源，病鸡与健康鸡接触，通过消化道和呼吸道传染。

（二）症状

临床症状与病毒毒株有很明显的关系。年龄、免疫状态、是否与其他疾病混合感染、环境应激、感染途径及病毒剂量是影响疾病严重程度的重要因素。

1. 一般分型方法

(1) 最急性型　突然发病，常无特征性症状而迅速死亡。

(2) 急性型　表现为食欲降低，精神委顿，垂头缩颈，眼半闭，状似昏睡，鸡冠及肉髯变为暗红色。产蛋鸡产蛋量下降，畸形蛋增多。随着病程的发展，表现为伸直头颈、张口呼吸，病鸡发出"咯咯"的声音。病鸡嗉囊内充满酸臭的液体内容物，口角常流出大量黏液，病鸡常做摇头动作。病初排出稀薄的粪便，呈黄绿色或黄白色，后期排蛋清样粪便。病初体温升高达43℃～44℃，后期体温下降。有的病鸡还会出现神经症状，如翅、腿麻痹等。

(3) 慢性型　多由急性转变而来，病鸡常表现为站立不稳，头颈向后或一侧扭转,伏地旋转,共济失调,受刺激后症状加重。除部分可康复外,一般经10～20天死亡。有的在无外界刺激的情况下,外观正常。多出现在新城疫流行后期或由某些中发毒株的疫苗引起。

2. 国外分型方法

(1) 速发性嗜内脏型,所有日龄的鸡均可出现鸡急性致死性感染,死亡率高,以消化器官为主要特征的急性致死型。

(2) 速发性嗜肺脑型,一种急性,通常为致死性感染,所有日龄鸡均易感,其特征是表现为呼吸和神经症状,因此称之为速发性嗜肺脑型。

(3) 中发型,一般仅限于幼禽发病。引起该类型的病毒为中发型,该类病毒可用作二次免疫的活疫苗。

(4) 缓发型,由缓发型毒株引起的轻度或隐性呼吸道感染,这一类毒株一般用于制作活疫苗。

(5) 无症状肠型,主要是缓发型病毒肠道感染,不引起明显的疾病。

新城疫病型的形成,既与病毒的毒力有关,也与受感染鸡的免疫状况有关。因此当发现典型新城疫时,可以肯定病毒是高致病力,但当遇到非典型新城疫时,则一定要做病原的鉴定,分清鸡场内存在的新城疫病毒到底是高致病力毒株还是中发型、缓发型的疫苗株,这对我们在制定防疫措施的决策上是至关重要的。

(三) 病理变化

本病的病理变化具有败血症的特征,全身黏膜、浆膜出血,一般消化道和呼吸道最明显,淋巴系统肿胀、出血和坏死。

1. 急性型 病变比较典型,口腔内有多量黏液和污物,嗉囊内充满多量酸臭液体和气体,食管和腺胃交界处常见有出血斑或出血带,腺胃乳头肿胀,乳头出血,严重者乳头间腺胃壁出血,肌胃角质膜下层可见出血点;整个肠道充血或严重出血,十二指肠和直肠后段最严重，十二指肠常呈弥漫性出血，直肠黏膜常密布针尖大小的出血点，肠淋巴滤泡肿胀，常突出于黏膜表面，局部肠管膨大，充满气体和粥样内容物；盲肠扁桃体严重肿胀、出血和坏死，病程稍长者，肠黏膜上可出现纤维素性坏死灶，去掉坏死假膜，即可见溃疡。心外膜、心冠脂肪上可见出血点，严重者肠系膜及腹腔脂肪上也有出血点，喉头、气管内有大量黏液并严重出血。产蛋鸡卵黄膜严重充血、淤血，卵黄破裂，形成卵黄性腹膜炎。

2. 慢性型 剖检变化不明显，个别鸡可见肠卡他性炎症，盲肠扁桃体肿胀、出血，小肠黏膜上有纤维素性坏死。

由于疫苗使用方法、使用途径、疫苗选择不当等原因，非典型新城疫发病比较多。非典型新城疫一般不呈暴发性流行，多散发，发病率5%～10%。临床上缺乏特征性呼吸道症状，鸡群精神良好，饮食正常。个别鸡出现精神沉郁，食欲降低，嗉囊空虚，排黄色粪便等症状。从出现症状到死亡，一般为1～2天。产蛋鸡出现产蛋量下降，产软壳蛋等。

（四）鉴别诊断

1. 根据流行特点，新城疫与禽霍乱的鉴别 禽霍乱可以感染各种家禽，鸭最易感，而新城疫一般只感染鸡，有神经症状。禽霍乱病程较短，一般1～2天死亡，而新城疫多于3～5天死亡。患禽霍乱死亡的鸡，剖检可见肝脏上有灰黄色坏死点，肠黏膜上无溃疡，而新城疫肝脏无坏死点，肠道黏膜上多有溃疡。

2. 新城疫与鸡传染性喉气管炎的鉴别 传染性喉气管炎，传播快，发病率高，但死亡率不高，有呼吸困难症状，但无消化道症状，病理变化局限于气管和喉部，呈出血性或假膜性气管炎症状。

3. 新城疫与住白细胞原虫病的鉴别 住白细胞原虫病（俗称白冠病）的剖检变化和鸡新城疫极为相似。但患住白细胞原虫病的鸡，鸡冠苍白，肾脏出血，肌肉和内脏器官上有红色或白色的小结节，无呼吸道症状。

（五）防治

本病无特效治疗药物，主要依靠建立并严格执行各项预防制度和切实做好免疫接种工作，来预防本病的发生。

三、鸡传染性法氏囊病

鸡传染性法氏囊病又名腔上囊炎，是一种以破坏鸡的淋巴组织，特别是法氏囊为特征的急性、高度接触性传染病。该病的特征是排白色稀粪，法氏囊肿大，浆膜下有胶冻样渗出。该病在生产上导致的经济损失主要表现在2个方面：某些毒株使3周龄以上的小鸡发病、死亡，死亡率高达20%，同时导致一定程度的免疫抑制；3周龄以下的小鸡感染，导致严重的、长期的或永久性的免疫抑制。

（一）流行病学

鸡、鸭、鹅都能感染。各品种的鸡都能感染，其中白来航鸡反应最重，死亡率最高。鸡对本病最易感日龄为3～6周龄，2～15周龄易感。多数雏鸡感染后不表现临床症状，但能导致严重的免疫抑制。本病一年四季都能发生，但以6～7月份较多。本病的传播方式是通过直接接触而感染，也可通过带毒的中间媒介物，如饲料、饮水、垫料、尘土、空气、用具、昆虫等传播。本病主要通过消化道感染，也可通过呼吸道感染，是否能垂直传播，现在还不清楚。

（二）临床症状

本病特征是幼、中雏突然发病，潜伏期短，感染后2～3天出现临床症状。羽毛逆立无光泽，蓬松，脱水，眼窝凹陷，嘴插入羽毛中，常蹲在墙角下，严重时伏卧不动。体温升高，可达39℃。随后病鸡排白色或淡绿色稀粪，食欲减退，饮水增加，嗉囊中充满液体。部分鸡有自啄肛现象。出现症状后5～7天死亡，群体病程一般不超过2周。

（三）病理变化

死于感染的鸡呈现脱水，胸肌发暗，肝脏一般不肿大，呈土黄色，死后由于肋骨压迫造成红黄相间的条纹，周边有梗死灶。肾脏肿胀、苍白，小叶灰白色，输尿管内充满尿酸盐沉积，形成典型的花斑肾。严重者在病鸡的腿部、腹部及胸部肌肉出现出血条纹或出血斑。

（四）诊断

根据流行特点、症状和剖检变化可做出初步诊断。进一步的诊断须要进行病毒分离及血清学试验。

（五）鉴别诊断

传染性法氏囊病在诊断上注意与磺胺类药物中毒、新城疫、葡萄球菌感染区别。根据法氏囊与肝脏的变化，可以与上述疾病相区别。

（六）预防与治疗

在发病初期，使用高免血清、卵黄抗体均有一定的治疗效果，免疫接种是控制该病发生的主要方法。因为传染性法氏囊病的发生主要是通过接触感染，所以加强平时的卫生管理，可以减少该病的发生。应当加强种鸡群的免疫，以提高雏鸡的母源抗体水平，防止雏鸡的早期感染。

在生产中可以参考以下免疫方案：种鸡群，2～3周龄弱毒苗饮水，4～5周龄中等毒力疫苗饮水，开产前油乳剂灭活疫苗肌内注射。

发现传染性法氏囊病后，及时注射法氏囊高免卵黄抗体或高免血清。应当在高免卵黄抗体或高免血清中加入抗菌药物，如庆大霉素或恩诺沙星，防止继发感染细菌病和注射引起的伤口感染。因肾脏遭到破坏，机体严重脱水，应饮用口服补液盐以补充体液。患传染性法氏囊病后，机体的免疫力下降，抵抗力降低，容易导致球虫病和大肠杆菌病的发生，可在饲料中加入抗生素防止这种继发感染。

四、禽痘

禽痘是由禽痘病毒引起的家禽和鸟类的一种缓慢扩散的、接触性传染病。禽痘病毒属于痘病毒科禽痘病毒属，病毒对外界环境有高度抵抗力，在上皮细胞屑中的病毒。病的特征是在无毛或少毛的皮肤上有痘疹，或在口腔、咽喉部黏膜上形成纤维素性坏死性假膜。在大型鸡场易流行，可使鸡消瘦、增重缓慢，产蛋鸡受感染时，产蛋量下降。若并发其他传染病、寄生虫病或在恶劣的环境条件下，则可发生大面积感染而导致较高的死亡率。本病一年四季均可发生，以夏、秋和蚊子活跃的季节多发。

（一）流行病学

家禽中以鸡和火鸡最易感，其他如鸭、鹅及许多鸟类均可感染发病。鸡不分年龄、性别和品种均可感染，以雏鸡最常发病，常引起大批死亡。

禽痘多通过健禽与病禽接触，经受损伤的皮肤和黏膜而感染。蚊子等昆虫及体表寄生虫如鸡皮刺螨可传播病毒。人工授精也可传播病毒。

本病一年四季均可发生，以夏季和蚊子活跃季节多发。拥挤、通风不良、阴暗潮湿、维生素缺乏和饲养管理恶劣，可使病情加重。若伴有葡萄球菌病、传染性鼻炎及慢性呼吸道病并发感染时，可造成病鸡大批死亡。

（二）症状

在鸡、火鸡和鸽，自然感染的鸡痘的潜伏期4～10天，根据病鸡的症状和病变，可以分为皮肤型、黏膜型和混合型3种病型，偶有败血型。

1. 皮肤型 皮肤型表现为身体的各个部位如冠、肉髯、喙角、眶周、两翅内侧皮肤、胸腹部和泄殖腔皮肤可见结节，有的为散在性小结节，有的为小结节融合成大结节，逐渐成为红色的小丘疹，很快增大为绿豆大，呈黄色或灰黄色，干硬的结节。临近的痘疹相互融合，成为更大的疣状结节。痂皮一般在3～4周后脱落，形成一个平滑的灰白色疤痕。结节干燥前切开可见切面出血、湿润。皮肤型鸡痘一般没有全身性的症状，但是幼雏出现精神委靡、食欲减退、体重减轻，甚至引起死亡。产蛋鸡则产蛋量显著减少。

2. 黏膜型　又称为白喉型，多发于小鸡和中鸡，病初表现为类似鼻炎的症状，从鼻孔流出黏性鼻液，2~3天后在黏膜上形成一种黄白色的小结节，稍突起于黏膜表面，形成微隆起、白色不透明结节，以后迅速增大，并常融合而成黄色、奶酪样坏死的白喉样膜，覆盖在黏膜上面，很像人的"白喉"，故称白喉型鸡痘或鸡白喉。随着假膜的增大和增厚，可阻塞口腔和喉部，使病鸡表现为呼吸和吞咽障碍，病鸡做张口呼吸，发出"嘎嘎"的声音。病鸡因采食困难，体重迅速减轻，最后因窒息而死亡。病情严重的鸡，鼻和眼部也受到侵害，先是眼结膜发炎，眼和鼻孔流出水样分泌物，以后变成淡黄色浓稠的脓液，眶下窦充满脓性或纤维素性渗出物，致使眼部肿胀，可以挤出干酪样的凝固物质，甚至可以引起角膜炎而失明。

3. 混合型　是指皮肤和黏膜同时发生病变，此型的病情更为严重，死亡率较高。病鸡表现的一般症状常见增重受阻、精神委顿、食欲减退、衰弱，蛋鸡发病时表现暂时性产蛋下降。病程一般3~4周。

4. 败血型　很少发生，若发生则以严重的全身症状开始，继而发生肠炎。病鸡有时迅速死亡。有时急性症状消失，转为慢性腹泻而死。

（三）诊断

根据病鸡的冠、肉髯、口腔和咽喉部病变可以做出初步诊断。鸡痘和维生素A缺乏类似，都会在眼内蓄积纤维素性渗出物，但鸡痘随着病程的发展在其他部位可出现痘疹，以此可以鉴别。确诊尚须进行病毒分离鉴定和血清学实验。

（四）防治

1. 预防　加强饲养管理，搞好鸡舍内外的清洁卫生工作，减少环境不良因素的应激，防止发生意外。发生鸡痘时，要严格隔离病鸡,剥除的鸡痘结痂不能随便乱丢,可包好后集中销毁。除了加强鸡群的卫生、管理等一般预防措施之外,可靠的办法是接种疫苗。目前用于本病的疫苗有 3 种:鸡痘鹌鹑化弱毒疫苗、鸡痘蛋白筋胶弱毒苗(鸡痘原)、鸡痘蛋白筋弱毒苗(鸽痘原)。它们是用鸡胚或细胞培养制备的,以细胞培养制备的弱毒苗效果较好。鸡痘鹌鹑化弱毒苗的接种方法是在鸡翅内侧无血管处皮下刺种 1~2 针。鸡痘蛋白筋胶弱毒苗(鸡痘原)采用肌内注射的方法,而鸽痘原鸡痘蛋白筋胶弱毒苗稀释后用小毛刷涂在拔去羽毛的腿外侧的毛囊内。

凡接种过鸡痘苗的鸡,应于 7~10 天进行抽查,检查局部是否结痂或毛囊是否肿胀。如局部有反应,表示疫苗接种成功,如无变化应补种。一般于接种后 10~14 天将产生免疫力。

2. 治疗 目前无特效治疗药物,主要采取对症疗法,以减轻病鸡的症状,防止并发症。皮肤上的痘痂,一般不做治疗,必要时可用清洁镊子小心剥离,伤口涂碘酒、红汞或紫药水。对白喉型鸡痘,应用镊子剥掉口腔黏膜上的假膜,用 1% 高锰酸钾清洗后,再用甘油、鱼肝油涂擦。病鸡眼部如果发生肿胀,眼球尚未发生损坏,可将眼部蓄积的干酪样物挤出,用 2% 的硼酸溶液清洗。剥下的假膜、痘痂或干酪样物都应烧掉,严禁乱丢,以防散毒。隔离发病鸡,鸡舍内用消毒剂消毒,可以减轻鸡群的发病,最好用含碘的消毒剂。

五、传染性支气管炎

本病是由鸡传染性支气管炎病毒所引起的传染性呼吸道病。其传染力特强,取急性经过,是鸡的一种急性、高度接触性的呼吸道疾病。以咳嗽,喷嚏,雏鸡流鼻液,产蛋鸡产蛋量下降,呼吸道黏膜呈卡他性浆液性炎症为特征。现在有肾型传染性支气管炎、腺胃型传染性支气管炎等。

(一)流行病学

本病仅发生于鸡,其他家禽均不感染。各种年龄的鸡均可发病，一般以40日龄以内的鸡多发，雏鸡最为严重，死亡率也高。随着日龄的增长，对致肾炎、输卵管病变抵抗力增强。本病主要经呼吸道传染，病毒从呼吸道排出后，通过空气的飞沫传给易感鸡，本病毒能在感染鸡的气管黏膜内增殖，所以气管黏液内含有大量病毒。也可通过被污染的饲料、饮水及饲养用具经消化道感染。本病一年四季均可发生，但以冬春季节多发。鸡群拥挤、过热、过冷、通风不良、缺乏维生素和矿物质，以及饲料供应不足或配合不当，均可促使本病发生。

（二）症状

潜伏期1～7天，平均3天。传播速度快是本病的特征。传染性支气管炎的特征性症状是呼吸困难、咳嗽、打喷嚏、气管啰音和流鼻涕，眼睛湿润，偶尔出现鼻窦肿胀。发病突然，并迅速波及全群。病鸡精神沉郁、羽毛蓬乱、翅下垂、昏睡、怕冷、常拥挤在一起。

产蛋鸡感染后产蛋量下降25%～50%，同时产软壳蛋、畸形蛋或粗壳蛋。若感染传染性支气管炎病毒变异株，则呼吸道症状轻微，但产蛋量下降，平均下降20%～40%，多的可达50%以上。产蛋下降期间，蛋壳颜色变浅。产蛋率在下降10～15天后开始缓慢回升，回升时可出现部分白壳蛋、薄壳蛋、畸形蛋和小蛋。种鸡感染后，受精率明显降低，弱雏数增加。

感染肾型支气管炎病毒后其典型症状分为3个阶段：第一阶段，病鸡表现轻微的呼吸道症状，鸡被感染后24～48小时开始气管发出啰音，打喷嚏、咳嗽，持续1～4天，这些呼吸道症状一般很轻微，有时只有在晚上安静的时候才听得清楚。如果有并发感染，则呼吸道症状加重，鼻腔有黏性分泌物，时间变长。第2个阶段，病鸡表面康复，呼吸道症状消失，鸡群没有可见的异常表现。第3个阶段，受感染鸡群突然发病，并于2～3天逐渐加剧。病鸡积堆，厌食，排白色稀粪，粪便中几乎全是尿酸盐。病鸡体重减少，胸肌发暗，腿胫干瘪。肛门周围羽毛沾满水样白色稀粪，死亡率约30%。死亡高峰见于感染后的第10天，感染后21天可停止死亡，部分不死鸡可逐渐康复。从未发生过本病又未经过免疫的成年鸡感染本病时，呼吸道症状轻微，症状出现率也低，但可出现产蛋量下降，畸形蛋，蛋壳粗糙。症状消失，2周后产蛋量逐渐恢复正常，但蛋壳质量的恢复需较长的时间。蛋雏鸡感染后，可引起输卵管及卵巢的损伤，导致产蛋率不高，甚至绝产。

由本病而死亡的，在没有其他疫病混合感染的情况下是非常罕见的。然而，在6周龄以上的肉用鸡，发生轻度的呼吸道症状和继下痢之后的肾炎，多趋向死亡。

（三）病理变化

本病的主要肉眼变化，出现在呼吸系统、生殖系统及肾脏。主要病变见于气管、支气管、鼻腔等呼吸器官。表现为气管环出血，管腔内有黄色或黑黄色栓塞物。幼雏鼻、鼻窦充血，鼻腔中有黏性分泌物，肺脏水肿或出血，产蛋鸡的卵泡变形，甚至破裂。

肾型传染性支气管炎时，可见肾脏肿大、苍白，肾小管充满尿酸盐结晶，外形呈白线网状，俗称花斑肾。输尿管扩张，充满白色的尿酸盐，严重的病例在心包和腹腔脏器表面均可见白色的尿酸盐沉着。有时可见法氏囊充血、出血，囊腔内积有黄色胶冻状物，肠黏膜呈卡他性炎症变化，全身皮肤和肌肉发绀，肌肉脱水。

（四）诊断

本病的发生，如呈典型症状，根据临床所见和流行病学情况，在某种程度上是有可能下诊断的，进一步诊断须要病毒分离与鉴定及其他实验室诊断方法。血清学诊断有琼脂扩散试验、血凝试验、免疫荧光抗体技术、酶联免疫吸附试验等。

（五）鉴别诊断

本病应与新城疫、鸡传染性喉气管炎及传染性鼻炎区别。鸡新城疫一般发病较本病严重,在雏鸡常可见神经症状。鸡传染性喉气管炎的呼吸道症状和病变比传染性支气管炎严重;传染性喉气管炎很少发生于幼雏,传染性支气管炎则幼雏和成年鸡都能发生。传染性鼻炎的病鸡常见面部肿胀,这在本病是很少见到的。肾型传染性支气管炎易与痛风相混淆,痛风一般无呼吸道症状,无传染性,且多与饲料配合不当有关,通过饲料中蛋白、钙、磷的分析即可确定。

(六)防治

1. 预防 加强饲养管理,降低饲养密度,避免鸡群拥挤,注意温度变化,避免过冷、过热。加强通风,防止有害气体刺激呼吸道。合理配比饲料,防止维生素尤其是维生素A的缺乏,以增强鸡体的抵抗力。适时接种疫苗。预防本病所用的疫苗有传染性支气管炎H_{120}弱毒苗和传染性支气管炎H_{52}弱毒苗。首免可在7~10日龄接种传染性支气管炎H_{120}弱毒苗,二免可在20~30日龄接种传染性支气管炎H_{52}弱毒苗。对肾型传染性支气管炎,可于7~10日龄肌内注射肾型传染性支气管炎油乳剂苗,每只0.25毫升种鸡在开产前再注射一次,每只肌内注射0.5毫升。

2. 治疗 本病目前尚无特异性治疗方法,改善饲养管理条件,降低鸡群密度,在饲料或饮水中添加抗生素对防止该病有一定作用。防止继发感染:麻黄、大青叶各300克,石膏250克,制半夏、连翘、黄连、金银花各200克,蒲公英、黄芩、杏仁、麦冬、桑皮各150克,菊花、桔梗各100克,甘草50克,煎汁,为5000只雏鸡1天拌料用量。对于呼吸极度困难者可以使用喉症丸口服,具有一定作用。对肾型传染性支气管炎,发病后应降低饲料中蛋白的含量,并注意补充钾离子和钠离子,同时紧急接种传染性支气管炎油苗具有一定的治疗作用。

六、禽流感

禽流感是能使各种家禽、野鸟感染乃至发病的病毒性感染病,是A型流感病毒中的任何一型引起的一种感染综合征。本病于1978年首次发现于意大利，目前在世界上有许多国家都有该病发生。本病的表现多种多样，其中有通过检出抗体或分离病毒才能确诊的隐性感染、致死率比较低的呼吸道感染，及致死率很高的急性出血性感染等。感染家禽有多种疾病综合征，从亚临床症状，轻度上呼吸道疾病、产蛋下降，到急性全身致死性疾病。

（一）流行病学

本病病毒、毒株之间的毒力和特性各不相同，有强有弱，所以每次发病致死的情况都不一样。家禽中以鸡和火鸡的易感性最高，其次是珠鸡、野鸡和孔雀。鸭、鹅、鸽很少感染。

感染禽从呼吸道、结膜和粪便中排出病毒。因此，可能的传播方式有感染禽和易感禽的直接接触和间接接触两种。因为感染禽能从粪便中排出大量病毒，所以，被病毒污染的任何物品，如鸡粪、饲料、水、设备、物资、笼具、衣物、运输车辆和昆虫等，都能传播疾病。本病能否垂直传播，现在还没有充分的证据证实，但当母鸡感染后，鸡蛋的内部和表面可存有病毒。人工感染母鸡，在感染后3~4天几乎所产的全部鸡蛋都含有病毒。

（二）症状

该病潜伏期较短，一般为4~5天。因感染毒株的不同，病鸡的症状各异，轻重不一。一般表现为体温急剧上升，病性急剧，呈现呼吸系统、消化系统或伴发神经系统异常，病初可达42℃以上，精神沉郁，活动减少，昏睡，停食。肉髯增厚变硬，向两侧开张，头、冠呈紫红色，两眼突出，形若金鱼头。眼睑肿胀流泪，眼角有小气泡，眼内有黏性或干酪样分泌物，严重者失明。鸡冠、肉髯出血、发绀、坏死，脚鳞有出血斑，是本病特异性的表现之一。有的病鸡出现咳嗽，打喷嚏，呼吸困难，张口呼吸，突然尖叫，副鼻窦肿大，鼻液增多以及下痢等症状。也有的出现抽搐、头颈后扭、运动失调、瘫痪等神经症状，鸡群感染后通常发病率很高，但死亡率很不一致，急性者一般2天左右死亡。蛋鸡发病后2~3天产蛋量开始下降，至7~8天下降幅度最大，持续1~5周后又逐步回升，一般1个月才能恢复到正常水平。常出现软壳蛋、劣蛋壳，产蛋下降14%~75%不等，种蛋的孵化率也明显下降。

本病的发病率和死亡率差异很大，取决于禽种、病毒以及诸如年龄、环境和混感间发等情况。最常见的情况为高发病率和低死亡率。在高致病力病毒感染时，发病率和死亡率可达100%。

（三）病理变化

最急性死亡的病鸡常无眼观变化。急性可见头部和颜面浮肿，鸡冠、肉髯肿大达3倍以上，皮下有黄色胶样浸润、出血，胸、腹部脂肪有紫红色出血斑，心包积水，心外膜有点状或条纹状坏死，心肌软化。人工感染可见肝、脾、肾、肺有黄灰色病灶。这些高度致死性感染，常可见到气囊、腹膜上和输卵管中有黄灰色渗出液积聚以及纤维蛋白性心包炎。消化道变化表现为腺胃乳头水肿、出血，角质层下出血，肌胃与腺胃交界处呈带状或环状出血，十二指肠、盲肠扁桃体、泄殖腔充血和出血，肝、脾、肾脏淤血肿大，有白色小坏死灶。呼吸道有大量炎性分泌物或黄色干酪样坏死。胸腺萎缩，有程度不同的点、斑状出血；法氏囊萎缩或呈黄色水肿，有充血和出血。母鸡卵泡萎缩、变形、坏死，发育停止，体腔内往往见不到成熟的卵泡，有的发生卵黄性腹膜炎，公鸡睾丸变性坏死。

（四）鉴别诊断

1. 禽流感与新城疫的鉴别　两者有许多相似症状和病变。但新城疫病鸡头部水肿少见，而禽流感病鸡头部常出现水肿，眼睑、肉髯极度肿胀。新城疫病鸡剖检后主要表现在消化道和呼吸道黏膜出血，而禽流感病鸡除消化道、呼吸道黏膜外，肝脏、肺脏、腹膜等也呈现严重出血。

2. 禽流感与禽霍乱的鉴别　禽霍乱流行范围比较窄，禽流感流行范围广。在症状上，禽流感可见到神经症状，禽霍乱则无此症状，而偶见有关节炎表现。在剖检时禽流感可见腺胃乳头出血,并在与肌胃交界处形成出血或出血带,禽霍乱则无此病变。

3. **血清学诊断** 作为诊断流感的血清学诊断有血球凝集抑制反应、神经氨酸苷酶抑制试验、琼脂扩散试验等。从急性期和恢复期(发病2~4周后)的病鸡采集,以探讨其抗体效价上升情况。因为在血清中常常含有阻碍上述血清反应的特异性物质(抑制素),所以应预先以过碘酸钾或受体破坏酶来处理。

(五)治疗

该病属法定的畜禽一类传染病,本病目前尚无特异性治疗方法,只能使用禽流感疫苗预防。

七、产蛋下降综合征

鸡产蛋下降综合征(EDS-76),是由腺病毒引起的使鸡群产蛋下降的一种传染病。1977年分离到病毒,现已广泛发现本病分布于世界各国。任何年龄的蛋鸡均可感染。幼鸡感染后不表现任何临床症状,血清中也查不出抗体,只有至开产后,血清才转为阳性。其主要特征为产蛋量下降,蛋壳褪色,产软壳蛋或无壳蛋。本病可使鸡群产蛋率下降30%~50%,蛋的破损率可达30%~40%,无壳蛋、软壳蛋可达15%,给养鸡业造成了严重的经济损失。

(一)流行特点

本病的易感动物主要是鸡,任何年龄、任何品种的鸡均可感染,尤其是褐壳蛋鸡,白壳蛋鸡的易感性较低。幼鸡感染后不表现任何临床症状。在30周龄前后,本病的发病率最高。

本病的主要传染源是病鸡和带毒母鸡,既可垂直感染,也可水平感染。病毒主要在带毒鸡生殖系统增殖,感染鸡种蛋内容物中含有病毒,蛋壳还可被含病毒的粪便所污染,因而可以经孵化传染给雏鸡。本病水平传播较慢。鸡粪是发病鸡水平感染的主要方式,因而平养鸡比笼养鸡传播快。鸡可以从喉及粪便排出病毒,此外,鸡蛋和盛蛋工具在鸡场间传播中是一种重要传播媒介。

（二）症状

感染鸡群没有什么明显的临床症状，常常是26～36周龄产蛋鸡突然出现群体性产蛋下降，产蛋率可比正常下降20%～30%。发病前期可发现少数鸡拉稀，个别排绿色粪便，部分鸡精神不佳，闭目似睡，受惊后变得有精神。有的鸡冠表现苍白，有的轻度发紫，采食、饮水略有减少，体温正常。发病后鸡群产蛋突然下降，每天可下降2%～4%，连续2～3周，下降幅度最高可达30%～50%，以后逐渐恢复，但很难恢复到正常水平或达到产蛋高峰。在开产前感染时，产蛋率达不到高峰。蛋壳褪色（褐壳变为白色），产异状蛋、软壳蛋，无壳蛋的数量明显增加。

（三）剖检变化

本病基本上不造成鸡只死亡，病死鸡剖检的病变明显。剖检产无壳蛋或异状蛋的鸡，见其输卵管及子宫黏膜肥厚，腔内有白色渗出物或干酪样物，有时也可见到卵泡软化，其他脏器无明显变化。与商品鸡实验感染，病理变化不同。

（四）鉴别诊断

诊断本病时必须与传染性喉气管炎、鸡新城疫、脂肪肝综合征、传染性脑脊髓炎及钙、磷缺乏症等相区别。

1. 鸡产蛋下降综合征与传染性喉气管炎的鉴别　传染性喉气管炎除产蛋下降外，还有呼吸道症状如气管啰音、咳嗽等。

2. 鸡产蛋下降综合征与非典型新城疫的鉴别　非典型新城疫也能引起产蛋下降、软壳蛋，但鸡群中同时出现病死鸡，当检测抗体时，抗体很低或很高。死鸡剖检时，鸡的腺胃、肠道黏膜有出血。

3. 鸡产蛋下降综合征与脂肪肝综合征的鉴别　脂肪肝综合征是鸡的一种代谢病，以肝异常脂肪变性，产蛋突然下降，死亡率高，鸡冠苍白为特征。主要发生于肥胖鸡，剖检可见肝肿大，易碎，呈黄褐色，肝破裂出血。

4. 鸡产蛋下降综合征与钙、磷、维生素缺乏症的鉴别　钙、磷、维生素 A、维生素 D 缺乏症也可引起产蛋下降，产软壳蛋、无壳蛋等，但当饲料中加钙、磷和维生素 A、维生素 D 后很快恢复。

5. 鸡产蛋下降综合征与应激因素引起产蛋下降的鉴别　天气突变、饲料变更、惊吓等皆可引起产蛋下降，但这时一般无软壳蛋，产蛋下降幅度小。

（五）防治

本病尚无有效的治疗方法，只能从加强管理、免疫、淘汰病鸡等多方面进行预防。在发病时，如果有必要，也可喂给抗菌药物，以防继发感染。

1. 加强卫生管理　无鸡产蛋下降综合征的清洁鸡场，一定要防止将本病引入。不要从疫区引种，因已证实，本病可通过蛋垂直传播。原则上，要引种必须从无本病的鸡场引入，引后须隔离一定时间，虽然这一点执行起来很难，但是十分关键。

2. 免疫预防　是本病主要的防治措施。预防本病主要是使用油乳剂灭活苗，一般是用鸡产蛋下降综合征与新城疫制成的二联苗或三联苗。种鸡场发生本病时，无论是病鸡群还是同一鸡场其他鸡群，都不能否定垂直传播的可能，即使雏鸡在开产前抗体阴性，也不能认为没有垂直传播的可能，因为开产前病毒才开始活动，使鸡发病，才有抗体产生。所以，这些鸡必须注射疫苗，在开产前 4~10 周进行初次接种，开产前 3~4 周进行第 2 次接种。

第二节　细菌性疾病

一、鸡沙门氏菌病

鸡沙门氏菌病是由沙门氏菌属的细菌引起的急性或慢性疾病。鸡的沙门氏菌病的病原体依据抗原结构不同可分为 3 种：鸡白痢沙门氏菌、鸡伤寒沙门氏菌和其他有鞭毛能运动的沙门氏菌。由于沙门氏菌可以通过生殖道污染鸡蛋及鸡蛋有关的食品，因此此病在公共卫生上有重要意义。沙门氏菌是属于肠内细菌科的革兰氏阴性杆菌，一般具有鞭毛，无芽孢，鸡白痢菌是唯一不具运动性的沙门氏菌。一般在37℃培养条件下能很好地在普通琼脂上发育，形成直径1～2毫米稍隆起的原形菌落。沙门氏菌是典型的人畜共患的病原菌，对人和各种动物都呈现病原性。

(一) 鸡白痢

鸡白痢是由鸡白痢沙门氏菌引起的一种常见传染病，主要侵害雏鸡，在出壳后2周内发病率与死亡率最高，以白痢、衰竭和败血症为特征，常导致大批死亡。成年鸡感染后多取慢性经过或不表现症状，病变主要局限于卵泡、卵巢、输卵管和睾丸。此病多发生于大型鸡场，能够引起雏鸡大批死亡，产蛋鸡产蛋量、孵化率下降，鸡生长迟缓，造成严重的经济损失。

1. 流行病学　鸡白痢主要流行于2～3周龄的雏鸡，一年四季均可发生。不同品种鸡的易感性有明显的差异，轻型鸡较重型鸡的阳性率低，褐壳蛋鸡的易感性最高，白壳蛋鸡的抵抗力稍强，雏鸡感染恢复后或成鸡感染后长期带菌，带菌鸡产出的受精卵约有1/3被污染，卵黄中含有大量的病菌，不但可以传给后代雏鸡，发生垂直传播，而且可以污染孵化器，造成更为广泛的传染。

鸡白痢的传播方式主要是通过消化道感染。病鸡和带菌鸡是本病的传染源，病鸡排出的含有大量病菌的粪便污染饲料、饮水和用具是本病的主要传播方式。被鸡白痢感染的成鸡，有的也可呈伴有下痢的败血症死亡。患有白痢的公鸡的精液中也会存在沙门氏菌，可以通过交配进行传播。饲养管理条件差，饲养密度大，通风不良，温度过高或过低，饲料品质差，以及其他疫病发生都可以成为暴发鸡白痢的诱因。

2. 症状　不同日龄的鸡发病后的症状有很大的差异，2～3周龄死亡率最高，4周龄死亡迅速减少。

(1) 雏鸡　雏鸡在5～6日龄时开始发病，2～3周龄是雏鸡白痢发病和死亡的高峰，严重污染的种鸡场，可造成20%~30%的死亡，甚至更高。病鸡精神沉郁，低头缩颈，羽毛蓬松，食欲下降，由于体温升高，怕冷寒战，病雏常扎堆拥挤在一起。病雏突出的表现是下痢，排出灰白色的粪便，泄殖腔周围常被干燥的粪便糊住，病雏排便困难。有的雏鸡生前不见下痢症状，如果肺部有病变则出现呼吸困难，伸颈张口呼吸。病雏生长缓慢、消瘦，脐孔愈合不良，脐部周围的皮肤易发生溃烂，卵黄吸收不良，腹部膨大。有时可见关节肿大，以跗关节最为多见，行走不便，跛行或伏地不动，其他关节也可出现。若防治不当，病雏生长发育不良，长成后有较高的带菌率。

(2) 育成鸡 多发生于40~80日龄的鸡，地面平养的鸡群发生此病的较网上育雏要多。另外，育成鸡发病还受应激因素的影响，如鸡群密度过大，环境卫生条件恶劣，饲养管理粗放，气候突变，饲料突然改变或品质差。本病发生突然，鸡群中不断零星出现下痢和精神不振的鸡，常突然死亡，不会出现死亡高峰。病程较长者可达20~30天，死亡率可达10%~30%。

(3) 成年鸡 成年鸡群不表现急性感染的特征，感染可在鸡群内传播很长时间，但不出现明显的症状。通常可观察到不同程度的产蛋率、孵化率下降，这主要取决于感染程度。当感染比率较大时，可明显影响产蛋量，产蛋高峰不高，维持时间短，死淘率增高。有的鸡鸡冠萎缩，有的鸡开产时鸡冠发育尚可，随后则表现为鸡冠逐渐变小、发绀。病鸡有时下痢，但很快恢复。

3. 病理变化 雏鸡、育成鸡、成年鸡的病理变化不尽相同。

(1) 雏鸡 孵化后几天以内死亡乃至被淘汰的雏鸡，肝脏呈褐色、充血，可见大小不等数量不一的坏死点，有时有条纹状出血，胆囊扩张，充满多量胆汁，如为败血症死亡时，其他内脏器官也充血。慢性病例可见病死鸡脱水，眼睛下陷，脚趾干枯，脾脏肿大，卵黄吸收不良，外观呈黄绿色，内容物稀薄，严重者卵黄破裂，卵黄散落于腹腔内形成卵黄性腹膜炎。病程稍长者可见肺脏有黄白色的坏死灶或灰白色结节，心包增厚，心脏上可见坏死或结节，略突出于表面，肝肿大、充血或苍白色贫血，肠道呈卡他性炎症，盲肠膨大，内有白色干酪样物质。日龄较大的病雏，可见到肝脏有灰黄色结节或灰色肝变区，心肌上的结节增大而使心脏变形。肾脏肿大、淤血，输尿管中有尿酸盐沉积。

（2）育成鸡　一般无症状的带菌鸡，见不到病变。典型的病例突出的变化是肝脏肿大，有的肝脏较正常肝脏肿大数倍。打开腹腔，整个腹腔被肝脏覆盖，肝脏质地脆弱。肝被膜下可看到散在或较密集的出血点或坏死点，这样的肝脏很容易破裂，有的见到血块覆盖在肝脏被膜下，有的则见整个腹腔充盈血水。脾脏肿大。心包增厚，心包扩张，心包呈黄色不透明。心肌可见有数量不一的黄色坏死灶，严重的心脏变形、变圆。整个心脏几乎被坏死组织代替。相同的变化还经常见于肌胃，偶尔在大肠和盲肠的肠壁上也可见到，盲肠内容物可能有干酪样栓子。

（3）成年鸡　常为慢性带菌鸡，主要变化在卵巢，卵巢皱缩不整，有的卵巢尚未发育或略有发育，输卵管细小。卵泡变形，呈三角形、梨形、不规则形，变色，呈黄绿色、灰色、黄灰色、灰黑色等异常色泽。有的卵泡内容物呈米汤样，有的稀薄如水，有的内含油脂状或干酪样物质，外面包有增厚的包膜。由于卵巢和输卵管功能失调，可造成输卵管阻塞，或使卵泡落入腹腔形成包囊，卵泡破裂形成卵黄性腹膜炎，以及腹腔脏器粘连。有时可见到亚急性感染鸡，死亡鸡消瘦，心脏肿大变形，见有灰白色结节，肝脏肿大呈黄绿色，表面覆有纤维素性渗出物，脾易碎，内部有坏死灶，肾肿大呈实质变性。公鸡的睾丸可见白色坏死灶或结节。偶尔，在肺脏和气囊上有干酪样肉芽肿。

4.病理组织学变化　鸡白痢的病灶常是广泛性的。最急性病例，所有器官特别是肝脏、脾脏和肾脏有严重的充血。急性、亚急性病例，肝脏中有肝细胞广泛的坏死，纤维素的集聚和异嗜细胞的渗出。慢性病例，特别是心脏有大结节的病例，肝脏有慢性被动充血。急性期,脾脏严重充血或血管窦有纤维素性渗出,随后单核吞噬细胞严重增生。雏鸡的盲肠可发生黏膜及黏膜下层广泛性坏死,且在盲肠腔中混有纤维素和异嗜细胞的坏死性碎片。心肌灶性坏死,支气管炎,卡他性肠炎,肝、肺、肾间质性炎症。绝大多数病鸡可见浆膜炎,特别是心包、胸腹膜及肠道等浆膜的炎症,这是本病的特征性病变。

5. 诊断 根据本病的流行特点、症状及剖检病变综合分析可做出初步诊断。本病的确诊有赖于病菌的分离培养鉴定。成年鸡呈慢性和隐性经过,可应用凝集反应进行诊断。凝集反应有试管法和平板法两种。后者又可分为全血平板凝集试验和血清平板凝集试验,以全血平板凝集试验应用最为普遍。

(1)细菌的分离鉴定 将自病、死鸡的心、肝、脾、卵巢和睾丸等器官采集的病料,接种于普通琼脂上,即可获得纯培养物。从孵化室的废弃物、饲料、垫料、饮水、粪便中分离细菌时,须将被检材料接种于四硫磺酸盐煌绿肉汤中,42℃培养24~48小时后,再接种煌绿琼脂或SS琼脂,37℃培养24小时,进行菌落、染色形态特点、生化特点检查。

(2)玻片凝集试验 将待检鸡血1滴置于玻片上,加入2滴有色抗原(每毫升含菌10^{11}个,以结晶紫染色,枸橼酸钠抗凝),轻摇,在室温下2分钟内出现凝集者为阳性。

(3)试管凝集试验 被检鸡血12.5倍稀释,取1毫升置于试管内,再加入等量的抗原(每毫升含菌10^{11}个),经37℃水浴20分钟,出现凝集者为阳性。

6. 防治 发病时,在养鸡场内应使发病群与其他健康群隔离,避免器具、器材共用。应用专用的鞋靴和衣服。

(1)检疫净化鸡群 鸡白痢沙门氏菌可通过种蛋传递,因此种鸡中应严格消除带菌者。可通过血清学试验,检出阳性反应者。首次检查可在阳性出现最高的60~70日龄进行,第2次检查可在16周龄时进行,以后每隔1个月1次,发现阳性鸡及时淘汰，直至全群的阳性率不超过 0.5％为止。

（2）严格消毒　孵化场要对种蛋、孵化器和其他用具进行严格消毒，种蛋最好在产蛋后 2 小时内就进行熏蒸消毒，防止蛋壳表面的细菌进入蛋内。雏鸡出壳后再进行一次低浓度的甲醛熏蒸。育雏舍和蛋鸡舍做好地面、用具、饲槽、笼具、饮水器等的清洁消毒，并定期对雏鸡进行带鸡消毒。

（3）加强雏鸡的饲养管理　在养鸡生产中，育雏始终是关键，也是重点，饲养中应十分细心，温度、湿度、通风、光照应严格控制。应给予雏鸡颗粒化饲料，并少给勤添，以最大限度地减少鸡白痢沙门氏菌经污染的饲料传入鸡群的可能性。密切注意鸡群动态，发现糊肛鸡应及时隔离或淘汰。

（4）及时投药预防　在鸡白痢沙门氏菌流行的地区，雏鸡出壳后可饮用2％～5％乳糖或5％红糖水，效果较好，或在饲料中添加抗生素。

（5）治疗　磺胺类及其他抗生素对本病都有较好的疗效，用药物治疗急性病例，可以减少雏鸡的死亡，但痊愈后仍能带菌。

发病时可在饲料中加入 0.01％的氟苯尼考（氟甲砜霉素），连用 3～5 天；四环素或土霉素按 0.2％的用量加入饲料中，连用 5～7 天；磺胺甲基异噁唑，按 0.5％的浓度拌料，或与三甲氧苄氨嘧啶配合，按 0.02％混入饲料，连用 5～7 天；氟哌酸或环丙沙星等喹诺酮类药物按 50 毫克/千克饮水，连用 3～5 天。此外，也可用庆大霉素、新霉素等拌料或饮水。

（二）鸡伤寒

鸡伤寒是鸡的一种败血性疾病，呈急性或慢性经过。病原是鸡伤寒沙门氏菌，主要发生于鸡、火鸡，特殊条件下可感染鸭、雉鸡、孔雀、珍珠鸡等其他禽类，死亡率中等或较高，主要与鸡伤寒沙门氏菌的毒力及鸡群的抵抗力和环境卫生等因素有关。

1. 流行病学　本病最初发生于鸡、火鸡、珍珠鸡、孔雀、鹌鹑、松鸡、雉鸡等都发现有自然暴发的病例。虽然鸡伤寒主要引起成年鸡发病，但也有许多关于雏鸡发生此病的报道。本病与鸡白痢一样，造成的损失常始于孵化期，与鸡白痢不同的是损失持续到产蛋期。鸡伤寒也有许多传播方式，受感染的鸡是蔓延与传播的最重要传染源，这些鸡不仅通过水平传播将病原传给其他鸡只，而且还可经卵将病原传给下一代。野鸟、动物和苍蝇可成为中间宿主，尤其是当它们吃过死鸡的尸体或孵化室的鸡胚内脏时，则更加危险。

2. 症状 鸡伤寒虽然较常见于成年鸡，但也可通过种蛋传播，在雏鸡中暴发。在雏鸡中见到的症状与鸡白痢相似。本病的潜伏期4～5天，根据细菌的毒力和鸡的健康状况不同而有不同，病程约为5天。在鸡群中，由此病而引起的死亡可以延长至数周，然后逐渐恢复。如果种蛋带菌则可在出雏器中可见到死雏和不能出壳的死胚。病雏体弱，发育不良，虚弱嗜睡，没有食欲，泄殖腔周围粘有白色粪便，肺出现病灶时，出现呼吸困难的症状。

中雏和成年鸡急性暴发本病时，饲料消耗减少，精神委顿，羽毛松乱，鸡冠和肉髯贫血，体温升高1℃～3℃，饮欲增加，排黄绿色稀粪，病程约为1周，死亡率5％～30％。成年鸡可能无症状而成为带菌鸡，有时还可发生慢性腹膜炎，呈企鹅式站立。

3. 病理变化 最急性病例剖检无病变或病变十分轻微，幼鸡多发生肝、脾和肾脏的红肿。亚急性和慢性病例则肝肿大呈铜绿色，有粟粒大灰白色或浅黄色坏死灶。心包积水，有纤维素性渗出物，病程长时则与心外膜粘连，心肌有凸出的灰白色坏死灶。肾肿大充血，肌胃角质膜易剥离，肠道外观贫血，肠黏膜有溃疡，以十二指肠较严重，卵黄膜充血，卵黄囊变形，呈灰黄色或浅棕色，有时呈黑绿色，卵黄破裂易引起卵黄性腹膜炎而死亡。发生慢性腹膜炎时，腹膜内有纤维素性渗出物，并造成内脏和肠壁粘连。输卵管内有大量的卵白和卵黄物质。睾丸肿胀并有大小不等的坏死灶。急性败血症死亡的鸡心外膜出血，脾肿大，浆膜出血，浆液性纤维素性心包炎，出血性肠炎，其他器官无异常变化。

4. 诊断　鸡群的病史、症状和病变能为本病提供重要的诊断线索，但是要做出确切诊断，必须进行细菌的分离和鉴定。从急性死亡鸡的肝和脾可分离到细菌，慢性病例多为局部感染，确诊须经血清学检查证实，被感染的部位可能没有可见病灶，因此须要对内脏各器官做本菌的分离培养。雏鸡病例诊断可用卵黄囊培养，牛肉汁或浸液或胰陈琼脂都适于首次培养。所得培养物若为纯培养物，则可用血清学和细菌学方法进行鉴定。若培养物不纯，可挑选单个菌落接种三糖铁琼脂斜面，培养后若斜面呈红色，底部变黄并产气，产生硫化氢则可判定为鸡伤寒沙门氏菌可疑，可进一步进行生化鉴定和血清学鉴定。我国目前用于鉴定的抗原是鸡白痢和鸡伤寒沙门氏菌混合抗原，该抗原既可用于检查鸡白痢，也可用于检查鸡伤寒。常用的几种血清学检查方法有细菌凝集试验、血凝试验和间接血凝试验。

5. 预防与治疗　发现病鸡及时隔离，尽快确诊。取病料分离细菌，以药敏试验最敏感的药物治疗。常用抗菌素药物（如氯霉素、合霉素等）和磺胺类药物（如磺胺噻唑、磺胺二甲基嘧啶等）。也可试用痢特灵治疗。治愈率达 92.5%。有人用白痢宁进行治疗，10 克/千克饲料混合喂 7 天，也取得了良好的效果。

发现本病后，很重要的措施在于及时处理病鸡，对患病鸡舍内外环境要彻底消毒，严格处理粪便以杜绝扩散病原。

对鸡群尤其是种鸡群应定期进行血清学监测，及时淘汰带菌鸡，逐步在鸡群中净化本病。鸡场杜绝外来人员参观，饲养人员的衣服、鞋要每日按防疫要求更换消毒，鸡舍内消灭苍蝇、老鼠，防止野鸟飞入。

(三) 鸡副伤寒

鸡副伤寒是由沙门氏菌属中的一种能运动的杆菌引起的一种急性或慢性传染病。由于各种家禽都能感染发病，广义上称为禽副伤寒。在沙门氏菌属中，除鸡白痢和鸡伤寒沙门氏菌外，其他沙门氏菌引起的疾病都称为禽副伤寒。

鸡副伤寒主要侵害幼鸡，常造成大批死亡。成年鸡多为隐性或慢性感染。但产蛋率、受精率、孵化率明显降低。本病的特征是一种人畜共患病，对人主要引起食物中毒。

1. 流行特点　各种家禽及野禽对本病均可感染，并能相互传染。雏鸡、雏鸭、雏鹅均十分敏感，常出现暴发性流行。鼠类和苍蝇等是副伤寒菌的主要带菌者，是本病的重要媒介。感染家畜后可引起肠炎、败血症及流产等。人类食用带有副伤寒病原的食品能引起急性胃肠炎和败血症。

本病的主要传染源是病禽、带菌禽及其他带菌动物，主要通过消化道感染。病禽通过粪便中排出病原菌污染周围环境，从而传播疾病。本病也可通过种蛋传染，沾染于蛋壳表面的病菌能钻入蛋内，侵入蛋黄部分，在孵化时能污染孵化器和育雏器，造成本病在雏鸡中传播。带有病菌的飞沫，也可由呼吸道感染。

雏鸡在胚胎期和出雏器内感染本病的，常于4～5日龄发病，这些雏鸡的排泄物使同舍的其他雏鸡感染，这些雏鸡多于10～21日龄发病、死亡。以后随着日龄增大，逐渐有抵抗力，青年鸡和成年鸡很少发生急性副伤寒，一般为慢性或隐性感染。

2. 症状　本病的潜伏期为12～18小时，有时稍长些，急性病例（败血症）主要见于幼雏，慢性病例多发生于青年鸡和成年鸡。在孵化器内感染的急性病例常在孵出后数天内发病，一般见不到明显症状而死亡。10日龄以上的雏鸡发病后，身体虚弱，羽毛蓬乱，精神萎靡，头、翅下垂，缩颈闭目，似昏睡状。食欲减退或废绝，饮水增加。怕冷，靠近热源或积堆。下痢，排水样稀便，肛门周围有粪便污染。有的发生眼炎失明，有的表现呼吸困难。病程1～2天，按全群计算，死亡率10%～20%，严重时可达80%。

成年鸡常为慢性带菌者，病菌主要存在于肠道，较少存在于卵巢。有时可见成年鸡食欲减退，消瘦，轻度腹泻，产蛋量减少，孵化率降低。

3. 剖检变化　急性病例中往往无明显病变，病程较长的可见肠黏膜充血，卡他性及出血性肠炎，尤以十二指肠较为严重，肠壁增厚，盲肠内常有淡黄色豆渣样物堵塞。肝脏充血、肿大，可见有针尖大小到粟粒大黄白色坏死灶。胆囊肿胀并充满胆汁。脾脏肿大。常有心包炎，心内膜积有纤维素性浆液性渗出物。肾充血、肿胀。肺脏有时可见浆液性纤维素性炎症。

成年鸡慢性副伤寒的主要病变为肠黏膜有溃疡或坏死灶。肝、脾、肾不同程度肿大，母鸡卵巢有类似慢性鸡白痢的病变。

4. 诊断　根据本病的流行特点、临床症状及剖检病变可做出初步诊断，但本病无论是雏鸡或成年鸡，与白痢、伤寒都比较难区别。不过这3种病的治疗药物基本相同，只要不与其他疾病相混淆，对于治疗并没有多大的影响。从食品卫生的角度来说，通过实验室检查进行最后确诊具有重要意义。

5. 防治　预防本病的两项重要措施：一是严防各种动物进入鸡舍，并防止其粪便污染饲料、饮水及养鸡环境；二是种蛋及孵化器要认真消毒，出雏时不要让雏鸡在出雏器中停留过久。其他预防措施与鸡白痢相同。氟苯尼考（氟甲砜霉素）、庆大霉素、喹诺酮类（氧氟沙星等）、卡那霉素等药物对本病有效。育雏时，用药物防治雏鸡白痢，也就同时防治了雏鸡副伤寒。

二、禽霍乱

禽霍乱又称为禽出血性败血症、禽巴氏杆菌病，是鸭、鹅、鸡和火鸡的一种急性败血性传染病，通常在2～3天死亡的急性传染病。临床上分为急性型和慢性型两种，急性型表现为败血症，发病率和致死率都很高，慢性型表现为肉髯水肿、关节炎，发病率和致死率都比较低。

（一）症状

自然感染的潜伏期一般为2～9天，人工感染通常在24～48

小时发病,有时在引进病鸡后 48 小时内亦会突然发病。由于家禽的抵抗力和病菌的致病力强弱不同,在疾病流行时家禽所表现的症状亦有差异。一般根据其临床症状分为最急性、急性和慢性型 3 种病型。

1. 最急性型 常发生于该病的流行初期,特别是成年高产蛋鸡易发生。该型发生前不见任何症状,晚间一切正常,次日发现死于鸡舍内。有时见病鸡精神沉郁,倒地挣扎,拍翅抽搐,迅速死亡。

2. 急性型 此型在流行过程中占较大比例,发病急,死亡快,有的鸡在死前数小时出现症状。病鸡表现精神沉郁,羽毛蓬松,缩颈闭目,头缩在翅下,不愿走动,离群呆立。病鸡体温升高达 43℃~44℃,少食或不食,饮水增多。呼吸困难,鸡冠、肉髯发紫,有的病鸡肉髯肿胀,有热痛感。口、鼻分泌物增加,常自口中流出浆液性或黏液性液体,挂于嘴角。病鸡腹泻,排黄白色或绿色稀粪,产蛋停止,最后发生衰竭,昏迷而死亡。病程短,约 2 天死亡。

3. 慢性型 一般发生于流行后期或本病常发生地区,有的是毒力较弱的菌株感染所致,有的则是有急性病例耐过而转变成慢性。病鸡精神、食欲时好时坏,多表现局部感染,如一侧或两侧肉髯肿大,翅或腿关节肿胀、疼痛,脚趾麻痹,因而发生跛行。病鸡鼻孔常有黏液性分泌物流出,鼻窦肿大,喉头积有分泌物而影响呼吸。病鸡经常腹泻,消瘦,精神委顿,鸡冠苍白。本病的病程可拖延至 1 个月以上。

(二) 病理变化

1. 最急性型 常见不到明显的变化,或仅表现为心外膜散布针尖大小的点状出血,肝脏有细小的坏死灶。

2. 急性型 其特征性变化在肝脏,表现为肝脏稍肿大,呈棕色或黄棕色,质脆,在被膜下和肝实质中有弥漫性、数量较多的密集的灰白色或黄白色针尖大至针头大的坏死点。心脏扩张,心包积液,心脏积有血凝块,心肌质地变软。心冠脂肪有针尖大小的出血点，心外膜有出血点或块状出血。出血点也常见于病鸡的腹膜、皮下组织及腹部脂肪。小肠特别是十二指肠呈急性卡他性炎症或急性出血性炎症，肠管扩张，浆膜散在出血点，透过肠浆膜见全段肠管呈紫红色。肠内容物为血样，黏膜高度充血与出血。肺脏高度淤血和水肿，偶见实变区。脾脏一般无明显变化，或稍肿大，质地柔软。

3. 慢性型　所表现的病理变化因病原菌侵害的器官不同而有差异。当以呼吸道症状为主时，其内脏特征性病变是纤维素性坏死性肺炎。肺炎为大叶性，一般两侧同时受害。肺组织由于高度淤血与出血，变为暗紫色。肺炎病灶常出现于背侧，病变范围大小不等，严重时可使大半肺组织实变，呈暗红色，局部胸膜上常有纤维素性凝块附着。切面干硬，由于肺实质存在坏死灶，故切面呈灰白色的花纹状结构。鼻孔、鼻窦及喉头等处黏膜肿胀，积有纤维素性渗出物。胸腔经常有淡黄色、干酪样化脓性纤维素性凝块。侵害关节的病例，常见足、翅各关节呈慢性纤维素性或化脓性纤维素性关节炎。关节肿大、变形，关节腔内含有纤维素性或化脓性凝块。母鸡发生慢性霍乱时，炎症可波及卵巢，引起卵泡坏死、变形或脱落于腹腔内，大多数肝脏仍见有小坏死灶。少数病例，肝脏高度肿大，表面由红褐色与灰黄色的小结节相间组成，结节大小不一，肝脏表面高低不平，质地坚硬。鸡冠、肉髯在淤血的基础上发生结缔组织水肿，继之有纤维素性渗出，致使冠和冠髯显著肿大、变硬，切面各层间有纤维素性渗出物所构成的凝块，时间稍长可发生坏死。

（三）诊断

禽霍乱的诊断中，最重要的是从病鸡血液或脏器检出 P. multocida。可以根据流行病学、发病症状及病理变化进行初步诊断，但要确诊还要结合细菌学检查结果来综合判定。

（四）鉴别诊断

本病在临床上需要与鸡伤寒、中暑相鉴别，伤寒时肝脏肿大，呈青铜色，表面有弥漫性针尖大小的坏死点，质脆易碎，脾脏肿大。而禽霍乱时，肝脏呈黄褐色，坏死点较大，脾脏不肿大。中暑时家禽也会出现突然死亡，但这时可见胸腔淤血，而禽霍乱无此表现。涂片镜检是根本的鉴别措施，如为禽霍乱则可见两极浓染的巴氏杆菌。

（五）防治

在本病常发地区，应试注疫苗来预防本病。疫苗一般应用在该地区流行的新鲜分离菌株。弱毒活苗虽然能获得终生免疫，但副作用强，能使产卵率降低、发热、食欲不振，故尚未推行使用。

1. 预防　多杀性巴氏杆菌具有复杂的抗原性，因此在制造灭活苗时，应选用与流行病原菌同一血清型的菌株作为生产菌株，或用多个血清型的菌株制成多价苗以达到较好的免疫效果。禽霍乱疫苗有灭活苗、弱毒苗、亚单位苗、脏器苗、蜂胶苗。现在的疫苗都存在着免疫期短、保护率低的问题。生产中使用的比较少，多数采用药物预防的方法。

禽霍乱不能垂直传播，雏鸡在孵化场内没有感染的可能性。健康禽的发病是在鸡舍内接触病鸡或其污染物而感染的，因此，杜绝禽霍乱病原传入鸡舍是十分重要的。新引进的后备鸡应放在一个与老鸡群完全隔离的环境中饲养。

2. 治疗　多种药物对禽霍乱都有治疗作用，实际疗效在一定程度上取决于治疗是否及时和用药是否恰当，长期使用某一种药物还会产生抗药性，影响疗效。

三、禽大肠杆菌病

大肠菌和乳酸杆菌、肠球菌、梭状芽孢杆菌、拟杆菌属等，本来就是哺乳类及鸟类的肠管正常菌丛。大肠菌的大部分虽然不是病原菌，但在其中也有病原性的菌株。鸡大肠杆菌病是由不同血清型的大肠埃希氏菌所引起的一系列疾病的总称。它包括大肠杆菌性败血症，气囊炎，关节炎及滑膜炎，卵黄性腹膜炎等。

（一）流行特点

大肠杆菌在自然界广泛存在，也是畜禽肠道的正常栖息菌，许多菌株无致病性，而且对机体有益，能合成维生素 B 和维生素 K，供寄主利用，并对许多病原菌有抑制作用。大肠杆菌中一部分血清型的菌株有致病性，当机体健康、抵抗力强时不致病，而当机体健康状况下降，特别是在应激情况下就表现出其致病性，使感染的鸡群发病。鸡患本病，在世界范围内都有报道，从败血症、气囊炎开始，还可见到全眼球炎、关节炎、输卵管炎或是大肠菌性肉芽肿症等各种病症。

鸡大肠杆菌病可以单独发生，也可是一种继发感染，继发于鸡白痢、伤寒、副伤寒、慢性呼吸道病、传染性支气管炎、新城疫、禽霍乱等。

（二）症状

1. **大肠杆菌性败血症**　本病多发于雏鸡和 6～10 周龄的幼鸡，死亡率一般为 5%～20%，有时也可达 50%。在同一群内的患病率相当高，患病群饲料残余量增多，饲料效率降低。多发生于寒冷期换气不良的鸡舍，与打喷嚏、呼吸障碍等症状和慢性呼吸道病相似，但无面部肿胀和流鼻液等症状，有时多和慢性呼吸道病混合感染。幼雏大肠杆菌病夏季多发，主要表现为精神萎靡，食欲减退，最后因衰竭而死亡。有的出现白色乃至黄色的下痢，腹部膨胀，与白痢和副伤寒不易区分，死亡率多在 20% 以上。纤维素性心包炎为本病的特征性病变，心包膜肥厚、浑浊，纤维素和干酪样渗出物混合在一起附着在心包膜外面，有时和心肌粘连。常伴有肝包膜炎，肝肿大，包膜肥厚、浑浊、纤维素性沉着，有时可见到有大小不等的坏死灶。脾脏充血、肿胀，可见到小坏死点。

2. **全眼球炎**　本病虽然也有原发性的发病，但大多数病例是耐过了由大肠菌引起的败血症或菌血症的病例，以后遗症性的发生为多。一般发生于大肠杆菌性败血症的后期，少数鸡的眼球由于大肠杆菌侵入而引起炎症，多数是单眼发生炎症，也有双眼发生炎症的。表现为眼皮肿胀，不能睁眼，眼内蓄积脓性渗出物，角膜混浊，严重时失明。病鸡精神萎靡，蹲伏少动，觅食也有困难，最后因衰竭而死亡。剖检时可见心、肝、脾等器官的病变。

3. 气囊炎　本病通常是一种继发性感染。鸡群感染慢性呼吸道病、传染性支气管炎、新城疫时，对大肠杆菌的易感性增高，如吸入含有大肠杆菌的灰尘就很容易继发本病。一般5～12周龄的鸡发病较多。病鸡气囊增厚，附着多量豆渣样渗出物，病程较长的可见心包炎、肝周炎等。

4. 关节炎及滑膜炎　多发于雏鸡和育成鸡，在跗关节周围呈竹节状肿胀，跛行。关节液浑浊，腔内有时出现脓汁或干酪样物，有的发生腱鞘炎，步行困难。内脏变化不明显，有的鸡由于行动困难不能采食而消瘦死亡。

5. 肝周炎　肝脏肿大，肝脏表面有一层黄白色的纤维素附着。严重者肝脏渗出的纤维蛋白与胸壁、心脏、胃肠道粘连。肝脏变形，质地变硬，表面有许多大小不一的坏死点。脾脏肿大，呈紫红色。

6. 输卵管炎　产蛋鸡感染大肠杆菌病时，常发生慢性输卵管炎，其特征是输卵管高度扩张，内积异形蛋样渗出物，表面不光滑，切面呈轮层状，输卵管黏膜充血、增厚。镜检上皮下有异染性细胞集聚，干酪样团块中含有许多坏死的异染性细胞和细菌。

7. 卵黄性腹膜炎　由于卵巢、卵泡和输卵管感染发炎进一步发展成为广泛的卵黄性腹膜炎，故大多数病鸡突然死亡。剖检可见腹腔中充满淡黄色腥臭的液体和破坏的卵黄，腹腔脏器的表面覆盖一层淡黄色、凝固的纤维素性渗出物。肠系膜发炎，使肠袢互相粘连，肠浆膜散布针尖大小的点状出血。卵巢中的卵泡变形，呈灰色、褐色或酱色等不正常色泽，有的卵泡皱缩。积留在腹腔中的卵泡，如果时间较长即凝固成硬块，切面呈层状。破裂的卵黄则凝结成大小不等的碎片。输卵管黏膜发炎，有针尖状出血点和淡黄色纤维素性渗出物沉着，管腔中也有黄白色的纤维素性凝片。

8. 鸡胚与幼雏早期死亡　介卵感染的大肠菌，在种蛋孵化中增殖，使种蛋孵化率降低。由于蛋壳被含有大肠杆菌的粪便污染，或产蛋母鸡患有大肠杆菌性卵巢炎，致使鸡胚卵黄囊内容物，从黄绿色黏稠物质变为干酪样物质，或变为黄棕色水样物。也有一些鸡胚在出壳后直至3周龄这段时间陆续死亡，除卵黄变化外，多数病雏还有脐炎，生活4天以上的鸡雏经常伴发心包炎。被感染的鸡胚或鸡雏也可能不死亡，则常表现卵黄不吸收与生长不良。镜检，受感染的卵黄囊囊壁呈现水肿，卵黄囊的外层为结缔组织，接着是含有异染细胞和巨噬细胞的炎性细胞层，随后则是一层巨细胞，一层坏死异染细胞和细菌团块，最内层为感染的卵黄。

9. 脑炎型　幼雏及产蛋鸡多发。脑膜充血、出血，脑实质水肿，脑膜易剥离，脑壳软化。

（三）诊断

根据本病的流行特点、症状及病理变化可做出初步诊断，但确诊须进行细菌的分离鉴定。本病在临床上易与败血霉形体病相混淆，霉形体也引起气囊炎、心包炎等变化，但其呼吸道症状较为突出，发病慢、病程长，多发生于1~2月龄鸡。

（四）防治

当本病的发生已经被确认以后，必须确定有无混合感染。在注意换气、保温等饲养环境改善的同时，还要对饮水装置消毒，努力防止传播。

1. 预防　加强卫生是预防本病的关键。大肠杆菌病是条件性致病菌引起的一种疾病，该病的发生与外界各种应激因素有关，防治的原则首先是改善饲养环境条件，加强鸡群的饲养管理，改善鸡舍的通风条件，认真落实鸡场卫生防疫措施，控制霉形体等呼吸道疾病的发生。加强种蛋的收集、存放和孵化的卫生消毒管理，做好常见病的预防工作，减少各种应激因素，避免诱发性大肠杆菌病的流行与发生，特别是育雏期保持舍内的温度，防止空气及饮水的污染，定期进行鸡舍的带鸡消毒。在育雏期适当的添加抗生素，有利于控制本病的暴发。如在雏鸡出壳后3～5日龄及4～6周龄分别给予两个疗程的抗生素，可以起到有效的预防作用。

因为大肠杆菌的血清型比较多，采用本地、本场菌株制作的疫苗效果较好。大肠杆菌蜂胶苗效果比较好，但是接种后有比较强的接种反应，表现精神沉郁、喜卧、采食减少，大约1天即可恢复。

2. 治疗 鸡群发生大肠杆菌病后，可以用药物进行治疗，但是大肠杆菌对药物容易产生耐药性，所以在使用药物前，最好进行药敏试验，或选用过去本场很少用过的药物进行全群治疗，而且要注意交替使用药物。在生产中可以使用以下药物：0.03%复方磺胺—5—甲氧嘧啶，连用5～7天；氟苯尼考0.01%的浓度拌料，连用3～5天；环丙沙星或恩诺沙星50～100毫克/千克饮水，连用3～5天。也可用丁胺卡那霉素纯粉40毫克/千克饮水。

除应用上述药物外，应用百毒杀饮水或带鸡消毒，收到了满意的效果。

四、鸡球虫病

鸡球虫病是由一种或多种球虫寄生于鸡的肠黏膜上皮细胞而引起的一种急性流行性原虫病。该病分布广泛，发生普遍，危害十分严重。15～30日龄的鸡发病率最高，死亡率可达80%以上；耐过的病鸡长期得不到康复，生长发育受到严重影响；成年鸡多为带虫者，增重和产蛋能力降低。球虫很容易产生抗药性，使药效下降。现在死亡造成的损失虽然少了，但球虫感染发病使生产力下降的影响却继续存在。

（一）病原及其生活史

鸡球虫属原生动物门，孢子虫纲，真球虫目，艾美耳科，艾美耳属。目前世界公认的有9种，即柔嫩艾美耳球虫、毒害艾美耳球虫、巨形艾美耳球虫、堆形艾美耳球虫、布氏艾美耳球虫、变位艾美耳球虫、和缓艾美耳球虫、早熟艾美耳球虫和哈氏艾美耳球虫。其中，致病作用最强的是寄生于盲肠的柔嫩艾美耳球虫和寄生于小肠的毒害艾美耳球虫，其他种球虫致病性较小，均寄生于小肠。球虫属直接发育型，不需中间宿主，须经过裂殖、配子生殖和孢子增殖3个阶段。前2个阶段在宿主体内进行，称内生性发育；孢子增殖在外界环境中完成，称外生性发育。

随宿主粪便排到自然界的是球虫卵囊，一般为卵圆形，内含一个圆形或近圆形的合子（或称卵囊质、成孢子细胞）。在适宜的温度和湿度条件下，卵囊内的合子分裂为4个孢子囊，每个孢子囊内含2个子孢子，此时的卵囊称孢子化卵囊，对宿主具有感染力，故也称感染性卵囊。当鸡进食或饮水时将孢子化卵囊吃入之后，卵囊壁被消化液溶解，子孢子逸出，侵入肠上皮细胞内，细胞核进行无性复分裂，形成多核的裂殖体，这一无性繁殖过程即裂体增殖。裂殖分裂形成数目众多的裂殖子，并破坏上皮细胞。从破溃上皮细胞释放出的裂殖子侵入新的上皮细胞内，并以同样的方式进行繁殖。裂体增殖进行若干代之后，某些裂殖子转化为有性的配子体，即大配子体和小配子体，一个大配子体发育成一个大配子，一个小配子体分裂成很多有活性的小配子；大配子和小配子结合，形成合子，合子分泌物形成被膜，即成为卵囊。最后，卵囊由宿主细胞内释出，落入肠道，随鸡粪排出体外。

（二）流行病学

各种品种和年龄的鸡都对鸡球虫具有易感性，3月龄以内，尤其是15～50日龄的鸡群最易暴发球虫病，且死亡率较高，成年鸡多因前期感染过球虫获得了一定的免疫力，当再感染时不表现临床症状而成为带虫者。球虫卵囊对自然界各种不利因素的抵抗力较强，在阴暗的土壤中可保持活力达86周之久，一般消毒剂不能杀死卵囊，但冰冻、日光照射和孵化器中的持续干燥环境对卵囊有抑制或杀灭作用。26℃～32℃的潮湿环境有利于卵囊发育。

致病程度和宿主一次摄入的卵囊数量密切相关。以柔嫩艾美尔球虫为例，1万个卵囊以上可能引起死亡。2000～3000个卵囊可影响增重，使饲料转化率下降。鸡感染球虫的途径和方式是啄食感染性卵囊。凡被病鸡或带虫的粪便污染的饲料、饮水、土壤或用具等，都有卵囊存在；其他鸟类、家畜、某些昆虫以及饲养管理人员，都可以成为球虫病机械性的传播者。被苍蝇吸吮到体内的卵囊，可以在其肠道中保持生活力达24小时。

在分散饲养的条件下，本病通常在温暖的4～9月份流行，7～8月份最严重，但在集约化饲养条件下，本病一年四季均可发生。

饲养管理条件不良促进本病的发生。卫生条件恶劣、鸡舍潮湿、鸡舍拥挤、饲养管理不当时最易发生。此外，某些细菌、病毒或其他寄生虫感染及饲料中缺乏维生素A、维生素K，也可促进本病的发生。

（三）致病作用

球虫在鸡体内要经过裂殖和配子生殖阶段，其中当裂体增殖阶段的裂殖体在肠上皮细胞中大量增殖时，破坏了肠黏膜的完整性，肠管发炎，上皮细胞崩解，发生消化功能障碍，营养物质不能吸收，且大量失血。上皮细胞的崩解能产生毒素，引起自体中毒。由于肠黏膜的完整性破坏，细菌易于侵入而发生继发感染。

（四）症状

1. 急性型　病原体为柔嫩艾美尔球虫，寄生于盲肠和直肠黏膜。感染后经4日潜伏期，从第4日晚上开始到第5日，病鸡急剧地排出多量新鲜血便，以后由于肠上皮细胞的大量破坏和自体中毒加剧，病鸡共济失调，翅膀下垂，贫血，鸡冠苍白，嗉囊内充满液体，食欲废绝，粪便呈水样、稀薄、带血。末期病鸡昏迷或抽搐。雏鸡自感染后4～7天出现死亡，死亡率可达50%～80%，甚至更高。

2. 慢性型　多见于 4~6 月龄的鸡。病程较长，持续数周到数月。症状较轻，间歇性下痢，逐渐消瘦，产蛋减少，很少死亡。

(五) 病理变化

柔嫩艾美耳球虫引起的病变主要在盲肠，可见一侧或两侧盲肠显著肿大，可为正常的 3~5 倍，其中充满暗红色血液或凝固的血块，盲肠黏膜斑点状或弥漫性出血，盲肠上皮变厚，有严重的糜烂甚至坏死脱落，与盲肠内容物、血凝块混合凝固，形成坚硬的"肠栓"。

毒害艾美耳球虫损害小肠中段，可见肠壁扩张、松弛、肥厚和严重的坏死。肠黏膜上有明显的灰白色斑点状坏死病灶和小出血点相间，或呈弥漫性出血。小肠后段的肠腔中充满凝固的血液，使肠管在外观上呈淡红色或红褐色。

其他种球虫主要侵害小肠。可见肠壁扩张、增厚，肠内充气，黏膜发炎、充血或有小的斑点状出血。

堆型艾美耳球虫多在上皮表层发育，并且同一发育阶段的虫体常聚集在一起，在被损害的肠段（十二指肠和小肠前段）出现大量淡白色斑点，排列成行，外观呈阶梯样。

巨型艾美耳球虫损害小肠中段。肠管扩张，肠壁增厚，内容物呈淡灰色或淡褐红色，有时混有很小的血块。

哈氏艾美耳球虫损害小肠前段。肠壁上出现针帽大小的红色圆形出血点，黏膜有严重的卡他性炎症和出血。

(六) 诊断

作为免疫学的诊断法，应用荧光抗体法和酶抗体法，都是有效的。生前用饱和盐水漂浮法或粪便涂片查到球虫卵囊，或死后取肠黏膜触片或刮取肠黏膜涂片查到裂殖体、裂殖子或配子体，均可确认为球虫感染。但由于鸡的带虫极为普遍，因此，是不是由球虫引起的发病和死亡，应根据临床症状、流行病学资料、病理剖检情况和病原检查结果进行综合诊断。

（七）防治

地面平养形式的大群饲养情况下，在饲养期间内，对病鸡的隔离和消毒等是不可能的。最好成鸡与雏鸡分开喂养，以免带虫的成年鸡散播病原导致雏鸡暴发球虫病。

1. 加强饲养管理　保持鸡舍干燥、通风和鸡场卫生，定期清除粪便堆积发酵，以杀灭卵囊。保持饲料、饮水清洁，笼具、饲槽、水槽定期消毒，一般每周1次，可用沸水、蒸气或3％～5％热碱水等处理。每千克饲料中添加0.25～0.5毫克硒可增强鸡对球虫的抵抗力。补充足够的维生素K和给予3～7倍于正常量的维生素A可加速鸡患球虫病后的康复。

2. 免疫预防　据报道，应用鸡胚传代的虫株或早熟选育的虫株给鸡免疫接种，可使鸡对球虫病产生较好的预防效果。亦有人应用强毒株球虫采用多次感染的涓滴免疫法给鸡接种，可使鸡获得坚强的免疫力，但此法使用的是强毒株球虫，易造成病原散播，生产中应慎用。此外，有关球虫疫苗的保存、运输、免疫机制、免疫剂量及免疫保护性和疫苗安全性等诸多问题，均待进一步研究。

3. 药物防治　Levine发现磺胺药物有抗球虫的效果，开始了应用化学疗法对本病治疗，是目前鸡球虫病防治最为有效和切实可行的方法。具有抗球虫作用的药物有100多种，但防治效果较为理想、应用较广泛的有：

(1) 氨丙啉　可混饲或饮水给药。混饲预防100～125毫克/千克，连用2～4周；治疗，250毫克/千克，连用1～2周，然后减半，连用2～4周。应用本药期间，应控制每千克饲料中的维生素B_1的含量以不超过10毫克为宜，以免降低药效。

(2) 硝苯酰胺（球痢灵）　混饲预防125毫克/千克。治疗，250～300毫克/千克，连用3～5天。

(3) 莫能霉素　预防按80～125毫克/千克混饲。与盐霉素合用有累加作用。

(4) 盐霉素（球虫粉、优素精）　预防，60～70毫克/千克混饲，连用3~5天。

(5) 地克珠利　以每吨饲料中添加1克地克珠利（以纯药物计）拌料，连用3~5天。

(6) 马杜拉霉素（抗球王、杜球、加福）　预防按5~6毫克/千克混饲，连用5~7天。

(7) 常山酮（速丹）　预防按3毫克/千克混饲连用至蛋鸡上笼，治疗用6毫克/千克混饲连用1周，后改用预防量。

(8) 磺胺类药　对已发生感染的鸡优于其他药物，故常用于球虫病的治疗。常用的磺胺药有：

①复方磺胺－5－甲氧嘧啶（SMD－TMP）　按0.03%拌料，连用7天。

②磺胺间－6－甲氧嘧啶（S毫米，制菌磺）　混饲预防100~200毫克/千克；治疗按1000~2000毫克/千克混饲或600~1200毫克/千克饮水，连用4~7天。与乙胺嘧啶合用有增效作用。

③磺胺增效剂——二甲氧苄氨嘧啶（DVD）或三甲氧苄氨嘧啶（TMP），按1:（3~5）的比例与磺胺类药合用，对磺胺类药有明显的增效作用，而且可减少磺胺类药的用量，减少不良反应的发生。

因痢特灵、磺胺氯吡嗪、氯苯胍、克球粉等在临床上已经不允许使用，在生产中要注意不要使用含有这些成分的药物。

4. 使用抗球虫药应注意的问题

(1) 早诊断，早用药　鸡球虫病的致病阶段主要是裂体增殖期，当鸡发生死亡时，粪便中尚无卵囊排出，当粪便中检出卵囊确认后才用药治疗，为时已晚，所以，防止球虫病最为有效的方法是做好药物预防。平时密切注意鸡群，一旦发现鸡球虫病先兆或出现死鸡，应及时确诊，及时用药，才能获得较好的防治效果。

(2) 防止球虫产生耐药性　若长时间、低浓度单一使用某种抗球虫药，很容易出现耐药虫株，会对与该药结构相似或作用机制相同的同类药物或其他药物产生交叉耐药性。随着养鸡业的发展和抗球虫药的大量、广泛使用，这种耐药现象会越来越严重。因此，在养鸡实践中，应在短时间内有计划地交替、轮换或穿梭使用不同种类的抗球虫药或联合用药，以防止或延缓耐药虫株和耐药性的产生。

(3) 合理选用药物　除考虑抗球虫药的安全性、抗球虫效果、抗虫谱、适口性和价格等因素外，应根据抗球虫药作用于球虫的发育阶段和作用峰期，鸡的用途和用药目的合理选用适宜的抗球虫药。

(4) 注意药物对产蛋的影响和预防残留　由于抗球虫药一般用药时间较长，有些药物如呋喃唑酮、氯苯胍、磺胺氯吡嗪等因其在肉蛋中出现药物残留现象，被人食用后直接危害人体健康，已经禁止使用。要注意不要使用这些药物或含有这些成分的药物。

五、鸡传染性鼻炎

传染性鼻炎是由鸡嗜血杆菌所引起的呼吸道疾病，在临床上以水样乃至脓样鼻汁漏出、颜面浮肿为主征的一种急性或亚急性呼吸道传染病。主要特征是鼻黏膜发炎、流鼻涕、眼睑水肿和打喷嚏。本病多发生于育成鸡和产蛋鸡群，使产蛋鸡产蛋量下降10%～40%，使育成鸡生长停止，开产期延迟和淘汰率增加，造成严重经济损失。

(一) 流行病学

除鸡以外，偶尔也可能感染火鸡、鹌鹑、珠鸡和雉。本病可发生于各种年龄的鸡，以4～12月龄的鸡最易感。7日龄内雏鸡鼻腔内人工接种本菌，5%～10%出现鼻炎症状，大多数表现隐性感染，4～8周龄雏鸡人工接种后90%出现典型鼻炎症状。13周龄鸡可100%被人工感染，病情也比幼龄鸡严重。

本病虽无明显季节性，但以5～7月份和11月份至翌年1月份较多发，这与春雏和秋雏此时刚好已达易感年龄有关，与此时多替换鸡群、多移动鸡群、饲养密度提高、卫生管理放松有关，也与气候变化利于病菌侵袭鼻黏膜等一些能使鸡抵抗力下降的诱因密切相关。所以，不同日龄鸡混群饲养、鸡舍环境差、维生素A缺乏、禽痘疫苗接种、寄生虫病或传染病等，都能促使鸡群发病。

病鸡（尤其是慢性病鸡）和隐性带菌鸡是主要传染源。它们排出的病原菌通过空气、尘埃、饮水、饲料等传播。被病原菌污染的饮水，常是引起初次感染鸡群暴发本病的主要原因。由于病原抵抗力弱，离开鸡体后4～5小时即死亡，故通过人、鸟、兽、用具等传播的机会不大。病鸡群迁走以后，如鸡舍消毒不彻底或空舍时间太短，新进入的鸡群常可能在2～3周后又暴发此病。

一般情况下本病发病率高而死亡率低，但病程长短、病情轻重、发病率、死亡率等，与鸡的年龄、发病季节、鸡群易感性、鸡群饲养管理好坏、菌株毒力、有无并发感染等因素有关。鸡的年龄大，秋冬季节，鸡群饲养管理差，鸡群易感性强，菌株毒力大，并发鸡痘、慢性呼吸道病、传染性支气管炎等，常导致病程延长，病情加重，病死率增高。

（二）症状

实验感染，平均经过2天的潜伏期。自然感染时，接触感染平均3天，饮水感染平均4天，空气感染时在经6～14天潜伏期后发病。病鸡除了发热、精神不振、食欲减退、消瘦等一般性全身症状外，最具有特征性的症状表现为流浆性到黏液性鼻液，脸部浮肿（公鸡则肉髯肿胀），结肠炎，淌眼泪。病初流稀薄鼻液和眼泪，同时或次日脸部肿胀，由面颊逐渐扩展到一侧或两侧，甚至肿得连眼睛也睁不开，症状出现后第3天左右起，鼻液变得黏稠，常在鼻孔形成结痂而堵塞鼻孔。病鸡气管内有分泌物，喉部肿胀，呼吸时发出呼噜呼噜的声音，有时打喷嚏，摇头欲将咽喉部的分泌物咳出。病鸡腹泻，排绿色粪便，公鸡肉髯肿大，青年鸡下颌或咽喉部浮肿。母鸡群发出一种恶臭气味。如咽喉部积附大量黏稠的分泌物，病鸡可能窒息而死。少数严重病例，可能由于发生副嗜血杆菌性脑炎而出现急性神经症状并死亡。

人工感染病例，100%出现流鼻液和面颊肿胀，70%出现流眼泪，56%腹泻，30%排绿色粪便，30%呼吸不正常，15%肉髯或喉部肿胀。

自然发病病例，其病程长短和死亡率的高低因鸡的日龄大小和外界环境因素而异，一般情况下病程在2周左右，死亡率较低。

（三）病理变化

主要病变是在鼻、鼻窦、喉和气管呈急性卡他性炎症，充血肿胀，表面覆有大量黏液，鼻窦内积有渗出物或干酪样坏死物。下颌部以下组织呈现明显浆液性浸润。内脏一般无病变，偶有支气管炎和气囊炎。

产蛋鸡输卵管内黄色干酪样分泌物，卵泡松软、血肿、坏死或萎缩，腹膜炎，公鸡睾丸萎缩。

组织学变化表现为上呼吸道细胞肿大、增生、裂解、脱落，固有层到黏膜下层组织有明显炎性水肿及异染细胞浸润。

下呼吸道受到损害的鸡，呈现急性卡他性支气管肺炎，第2和第3支气管的管腔内充满异染细胞和细胞碎片，毛细管上皮细胞肿大、增生。气囊卡他性炎症，其特征是细胞肿大、增生并有大量异染细胞浸润。

（四）诊断

根据流行特点、鸡舍内有恶臭气味、症状及剖检变化即可做出初步诊断，确诊须要进行实验室检查。然而，在幼雏或常在养鸡场内发生时，有时缺乏典型的症状，须要进行病原学和血清学诊断。

（五）鉴别诊断

实际工作中，本病需要与慢性呼吸道、传染性支气管炎、黏膜型鸡痘相鉴别。慢性呼吸道病以侵害中雏为主，特征性症状为流脓性鼻液、咳嗽、打喷嚏，很少出现颜面肿胀现象，用磺胺类药物治疗无效。在野外，本病与这些病复合感染的机会很多。两者混合感染时，与单独感染本病相比，病情严重，病程延长，呈慢性鼻炎症状。传染性支气管炎时，虽有呼吸困难症状，但无颜面肿胀现象。黏膜型鸡痘时无颜面肿胀症状，眼睑肿胀多呈糜烂状，流泪严重，严重者上、下眼睑黏合在一起，使眼失明，主要发生于冬季，多侵害幼雏和中雏，而不感染成年鸡，磺胺类药物治疗无效。

（六）预防

在本病的预防中，广泛地应用灭能苗，收到了效果。但单纯使用灭能苗，想达到100%的免疫是相当困难的。为了进一步提高疫苗效果，对日常卫生管理必须充分注意。

1. 加强卫生管理　首先是防止病原菌侵入。若病原菌已经侵入，则设法清除。不要从外场购入替补种用公鸡、青年母鸡或产蛋鸡，因带菌鸡是本病的主要传染源。鸡场万一发生本病，1~2个月暂停育雏和引入外来鸡，并通过淘汰、消毒、隔离、检疫、治疗等措施将病原清除。出于经济目的，病鸡群要隔离饲养并进行治疗，直到有新鸡群替换时再淘汰。病愈鸡虽对本病有免疫力，但常是带菌者，故不要继续留养，更不能与健康鸡群并群。10日龄内雏鸡，即使感染了本病也不呈现明显症状，故外来雏鸡必须进行隔离饲养和临床观察，如有病，则不得留做种用。隔离孵化的1日龄雏鸡在隔离饲养条件下育成，使之更替有病鸡群。被病鸡污染的鸡舍和用具，必须进行彻底的清洁消毒并至少空舍7天以上，才能用以饲养新鸡群。否则，虽说病原体离开鸡体4~5小时即死，但如把病鸡淘汰或隔离后就用原舍饲养新鸡群，常会出现新鸡群100%被感染的情况。鸡舍要保持合理通风换气和防寒，避免饲养密度过高。否则，易于并发葡萄球菌病、慢性呼吸道病或大肠杆菌病而使病情加重。鸡舍可用0.2%过氧乙酸或其他安全有效的消毒剂进行带鸡消毒。

2. 接种疫苗　自然感染或人工感染的鸡都能产生不同程度的免疫力。小母鸡在发育阶段发生过本病，对以后产蛋性能不产生影响。个别鸡经窦内人工接种后，不到3周就可能产生免疫力。

疫苗的保护率约80%，有20%接种过疫苗的鸡仍会发病，但症状轻、康复快、损失小。接种疫苗后，一般约3周都能产生充分的免疫力，4~5周达高峰，以后逐渐下降。第1次疫苗接种后的免疫期，幼雏和中雏约2个月、大雏及成鸡约3个月。为了延长免疫期，隔1.5~2个月以上再补充接种1次，但不可提前进行，以免抗体下降。

参考文献

[1] 黄春之. 最新养禽实用技术大全 [M]. 北京：中国农业大学出版社，1996

[2] 席克奇，王长青. 蛋鸡笼养技术大全 [M]. 北京：中国农业科技出版社，1998

[3] 郝庆成. 蛋鸡生产技术指南 [M]. 北京：中国农业大学出版社，2003

[4] 李金章. 鸡病 [M]. 沈阳：辽宁科学技术出版社，1993

[5] 何春林，陈德全，高文仲，白庆余，韩维忠. 现代畜牧科学技术 [M]. 长春：吉林科学技术出版社，1992